培訓叢書㉔

領導技巧培訓遊戲

洪清旺／張曉明　編著

憲業企管顧問有限公司　　發行

《領導技巧培訓遊戲》
序　言

　　領導力是重要的活動能力，而且是一套可以傳授的本領，這本書就是專為提升主管領導力而編寫的培訓工具書。全書採用培訓遊戲方式而進行，這些案例經過証明是可行的、可操作的，不論你身在何處或在從事怎樣的工作，時代在改變，科技也在不斷地進步，文化也因為地域不同而有差異，**但是真正的領導力原則卻是恒定不變的**。領導力法則能經得起時間的考驗，它們是放諸四海皆準的毋庸置疑的法則。

　　培訓活動採用遊戲方式，由於下列特點，使得培訓遊戲在管理培訓中佔有舉足輕重的地位：

- ‧ 遊戲帶來多樣性，多樣性是增添學習樂趣的調料
- ‧ 遊戲事業來互動，帶來培訓效率的提升
- ‧ 遊戲可以使我們找到創新的樂趣
- ‧ 遊戲可以幫助我們加快彼此的瞭解和溝通
- ‧ 用遊戲來突顯出重要的道理（或能力）
- ‧ 能令學員有深刻的印象

由於培訓遊戲具有上述特點，所以**我們必須認識到培訓遊戲的**

重要性。

　　培訓領導技能是一件非常有價值的活動。培訓師、教師和諮詢師們在不斷尋找符合成人學習的、及時、有趣的最新教材和教案。為了滿足這一需求，**本書內的各項培訓遊戲活動，編排非常靈活**。

　　本書作者專門研究和經營教育設計、培訓指導事業，積極在開掘領導力方面辛勤耕耘。精心設計充滿樂趣並能迅速提升溝通能力、工作效率、激發員工潛能的遊戲，這本書裏有許多個遊戲——短的、長的、簡單的、複雜的——分別闡述了領導技巧方面。每個遊戲都很容易進行。

　　編輯過程中，衷心感謝出版社編輯的鼓勵、幫助與支持，我也參考了一些朋友讀者的意見，並汲取了一些書刊中的啟示，希望我們的努力能使讀者體會到「開券有益」的滋味。

2012. 09

《領導技巧培訓遊戲》

目　錄

1、到底要管理能力還是領導能力 ················· 6

2、領導力與園藝 ································· 14

3、你的領導統御風格 ··························· 18

4、領導者應當做的事 ··························· 28

5、你的領導者價值觀 ··························· 30

6、檢驗你的領導能力 ··························· 36

7、領導者應具備的優良品質 ···················· 40

8、作為部門的領導者 ··························· 43

9、領導者的素質 ······························· 48

10、領導者要做決定 ···························· 52

11、用故事帶出觀點 ···························· 56

12、會議上的好幫手 ···························· 60

13、領導者要建立起共同價值觀 ················· 65

14、如何分配時間 ······························ 67

15、你要如何推銷自己 ·························· 72

16、回憶你看到的傑出領導人物 ················· 75

17、要使用那種溝通交流方式⋯⋯⋯⋯⋯⋯77

18、領導者的表達方式⋯⋯⋯⋯⋯⋯⋯79

19、要積極行動⋯⋯⋯⋯⋯⋯⋯⋯⋯⋯81

20、想法轉化為執行力⋯⋯⋯⋯⋯⋯⋯83

21、找出你的領導魅力⋯⋯⋯⋯⋯⋯⋯88

22、領導者要促使別人行動⋯⋯⋯⋯⋯93

23、領導者的進修學習能力⋯⋯⋯⋯⋯98

24、想像力的力量⋯⋯⋯⋯⋯⋯⋯⋯102

25、回憶你的領導經驗⋯⋯⋯⋯⋯⋯104

26、有趣的分享領導力經驗⋯⋯⋯⋯113

27、領導者的力量有多大⋯⋯⋯⋯⋯121

28、了解你的影響力⋯⋯⋯⋯⋯⋯⋯128

29、肯定的力量⋯⋯⋯⋯⋯⋯⋯⋯⋯136

30、領導者如何打造你的團隊建設⋯141

31、如何處理團隊內的衝突⋯⋯⋯⋯146

32、領導者如何控制議程⋯⋯⋯⋯⋯154

33、要給員工打氣⋯⋯⋯⋯⋯⋯⋯⋯159

34、透過表揚，傳達領導力⋯⋯⋯⋯165

35、什麼時候要提出表揚⋯⋯⋯⋯⋯169

36、領導者要讓工作與生活平衡⋯⋯178

37、測驗你對領導力瞭解什麼⋯⋯⋯182

38、大家去探險⋯⋯⋯⋯⋯⋯⋯⋯⋯184

39、瀟灑的演說技巧⋯⋯⋯⋯⋯⋯⋯187

40、領導者要有夢想的能力⋯⋯⋯⋯195

41、你要加強何種領導風格 ································· 200

42、企業變化的過程 ································· 206

43、領導者的大膽冒險 ································· 214

44、你的領導品德 ································· 222

45、回味領導過程 ································· 227

46、是否具備創新特質 ································· 230

47、領導者應對風險的方式 ································· 234

48、領導者對變化的感覺 ································· 240

49、記取教訓 ································· 244

50、必須擁有傾聽的能力 ································· 248

51、要授權於部屬 ································· 253

52、領導者要制定團隊規則 ································· 258

53、如何解決問題 ································· 263

54、解決問題的能力 ································· 266

55、授權方式 ································· 274

56、解決困難 ································· 279

57、領導方向的評估 ································· 285

58、授權技巧的評估 ································· 291

59、培育人才的評估 ································· 296

60、安排工作的評估 ································· 302

1

到底要管理能力還是領導能力

 ## 遊戲介紹：

　　澄清管理者和領導者角色區別，確定一個人從管理工作崗位走向領導工作崗位時，那些任務和責任可以移交給他人，還應保持那些重要能力。

　　許多學者對管理和領導的區別進行了大量的研究，兩者之間的區別如下：

表 1-1　管理者與領導者的區別

	管理者	領導者
確定工作日程	計劃步驟、時間表、預算和資源	確定方向和前景
建立完成日程的人力網路	落實機構和人員，制定監控執行的程序	使大家萬眾一心
執行計劃	儘量準確無誤地執行計劃，取得可預測的結果	激勵大家在完成前景目標的道路上克服主要困難

　　本活動使學員親自分析各自的能力和優勢，找出需要提高的領域。

遊戲人數：每個培訓師最多 10 個學員

 遊戲時間：1 小時至 1 小時 15 分鐘

遊戲方法：

· 討論（兩人一組或大組）
· 區分卡
· 回顧

遊戲材料：

每人一幅卡片，上面分別印著（經理能力與領導能力對照），以顯示的能力

遊戲用品：

· 2 張書寫紙
· 標記
· 可粘貼的圓圈和星星
· 紙筆（每人都有）

教室佈置：

地板上有足夠面積讓學員鋪開卡片

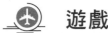

遊戲步驟：

第一步：20分鐘，將學員分成2人一組。請每人分別指出他認為領導者和管理者必備的幾種能力，並做筆記。

第二步：讓大家說出答案。分別在兩張書寫紙上寫下學員提出的能力（一張寫經理能力，一張寫領導能力）。（20分鐘）

第三步：給每個2人小組發一幅卡片（每人有足夠卡片，課程結束後，每人都能手持一幅卡片）。

請每組將能力卡分成兩組：一組為領導能力，一組為經理能力。

學員可以增加新的能力，也可以去除他們認為不適合任何一組的能力。因此要準備一些空白卡。（10分鐘）

卡片應分兩欄攤開在地板上。

第四步：分類結束後，請大家相互比較。

請每個人都去參觀其他人的選擇。（5分鐘）

第五步：在活動書寫紙上書寫下列問題，討論學員的選擇，對領導能力和經理能力進行比較。

· 大家一致同意的經理能力有那些？

· 大家一致同意的領導能力有那些？

· 你最尊重你的上司的那些能力？

第六步：發放講義「經理能力和領導能力對照」和一些粘貼星星。請學員在他們感到已經有不俗表現的能力項上粘貼一枚星星，用可粘貼小圓圈標記 3～5 個需要進一步提高的領域。（10 分鐘）

第七步：總結以上內容，準備結束。書寫以下問題，請學員討論：

‧ 什麼使得經理不能成為領導者？

‧ 假如要從經理變成領導者，你認為最大的困難是什麼？

表 1-2　經理能力和領導能力對照

經理	領導者
有短期目標	有長遠目標
計劃「如何」和「什麼時候」	詢問「什麼」和「為什麼」
關注底線	關注前沿
模仿	創造
接受現實	挑戰現實
正確地做事	做正確的事
尋求持續性	尋求變革
注重改進目標	注重創新目標
力量基礎是職位和權威	力量基礎是個人影響力
展現技術能力	展現讓他人接受前景的能力
展現管理能力	展現處理不明確事物的能力
展現監管能力	展現規勸能力
爭取員工服從	爭取員工承諾
計劃策略	計劃戰略
制定標準運行程序	制定政策

續表

做分析性決策	做直覺性決策
對風險小心謹慎	冒必要的風險
使用「交換」式交際風格	使用「轉換」式交際風格
主要使用由數據和事實組成的資訊庫	使用資訊庫，包括「直覺感受」
通過保持質量獲得成功	通過員工承諾獲得成功
不希望看到混亂	不希望看到慣性
做計劃、預算，設計具體步驟	開發前景及實現前景的戰略
制定績效標準	制定卓越標準
制定達到目標的詳細方案	通過分析未來趨勢，確定將來方向

 ## 我是經理人還是領導者

　　領導才能，就是對組織內每個成員（個體）和全體成員（群體）的行為進行引導和施加影響的一種藝術活動過程，其目的在於實現組織的既定目標。領導遠大於權力或職權，它經常意味著員工在一定程度上自願的服從。領導能力代表了影響下屬為達到既定目標而滿懷熱情地執行有關具體任務的一種能力。

　　領導能力既是一種粘合劑，用之可以形成良好的團隊精神和合力，又是一種催化劑，用之可以充分發揮組織中每個員工的積極性和創造性。

　　知道如何進行有效的領導，是選擇經理人擔任領導工作崗位的先決條件。有效的領導是從事其他組織行為的基本要素。

沒有領導，計劃、組織、人員配備與管理、控制等基本管理職能就會失去方向。

　早期的成就缺乏與否，並不能決定未來的成功。小時候學習成績不理想的人可能會成為一位成功的商人，而學習最優秀的人則可能成為一位著名的外科醫生。一旦你成為一名經理人，很顯然，你就必須管理一個或更多的人。但是如果要成為一名領導者，你還必須具備更多的技能。

　經理人要成為一名「領導者」，一個經理人應該：

・信任員工和團隊協作。

・滿懷激情。

・願意嘗試新方法，具有創新精神。

・時刻準備應對新的任務。

・定位於公司長期的發展，而不是短期目標。

・在未來計劃中考慮道德規範和環境問題。

・通過當前事情，能看到事情的本質。

・願意承擔一定的風險。

・精通公司業務。

　經理人是面向最低層的管理人員。他們的工作應合理地建立於公司的總體框架之中。其工作的目的是培養員工而不是教育員工。

　領導者是指導者：他們雖然可能有缺點，但是他們身居高位。你到底是一名經理人還是一名領導者？仔細閱讀下列問題，請用「是」或「否」回答你喜歡的選擇或工作方式。

　在我工作時，我所喜歡或我的工作風格是：

1. a）正確地做事情（　）

　　b）做正確的事情（　）

2. a）詢問如何做以及何時做（　）

　　b）詢問做什麼和為什麼這麼做（　）

3. a）信任控制（　）

　　b）激勵信任（　）

4. a）接受挑戰（　）

　　b）接受身份地位（　）

5. a）有長遠的觀點（　）

　　b）短期看法（　）

6. a）關注於公司的體系和結構（　）

　　b）關注於公司的員工（　）

7. a）創新（　）

　　b）行政管理（　）

8. a）總是著眼於眼前的事情（　）

　　b）總是著眼於根本（　）

9. a）處理任何發生的事情（　）

　　b）使事情發生（　）

10. a）關注既定目標（　）

　　b）不斷學習，靈活機動（　）

得分：

在答案表中填寫完答案後，按下列方法計算得分。

問題第 1，2，3，6，9 和 10：如果回答是「是」，那麼就

寫「M」（即經理人）。如果回答是「否」，那麼就寫「L」（即領導者）。

計算「M」和「L」的總數。這會計算出你是經理人還是領導者的得分，並決定你的工作風格。

評估：

根據得分，按照下列標準評估自己。

至少 7 個「M」或「L」才能確定你是經理人風格還是領導者的風格。請記住，領導才能是你成功的秘訣。

心得欄 ------------------------------

2

領導力與園藝

遊戲介紹：

　　把職業發展與園藝做比較，讓學員明白需要培育和開發的重要領域。可考慮在室外開展這個活動，能找到一個園藝場最好。

遊戲人數：不超過 20 人

遊戲時間：1 小時

遊戲方法：

・ 比喻
・ 演示
・ 討論

遊戲材料：

・ 一袋泥土

- 肥料
- 園藝手套
- 速乾噴霧器
- 種子
- 鐵鏟
- 鐵鍬
- 花盆（每人一個）
- 多種小植物
- 一些印章和彩色印泥
- 噴壺

🄢 教室佈置：

- 椅子圍繞一張桌子
- 另加 2～3 張桌子放用品

遊戲步驟：

領導者不斷開發技能，以便盡可能成為最好的領導者，即能全副武裝地領導跟隨者和整個公司向目標前進。下面的話引自著名作家的話：

這一天終於來到了，選擇躺在舒適的蓓蕾裏比選擇綻放更痛苦。

對所有人說：「我要用一個比喻，來幫助大家認識如何開發自

己。接下來大家要做一些手工活，以便幫助你們記住領導力提升的目標。」

第一步：把園藝工具發給大家。

第二步：陳述：「請把工具分開放在你們面前。當我們用每個工具做比喻的時候，你們可以把它當作道具。」

比喻是對兩種不同的事物進行比較，目的是為了理解。例如，「生活就像檸檬，因為它既苦又甜。」請學員說出更多的例子。

第三步：解釋說，你決定使用園藝來比喻領導力提升。找出學員中做過園藝的人，這樣在討論過程中就可以利用他的經驗。不要講出比喻對象。

引導學員自己說出答案。

用以下物品開始做比喻：

· 園藝手套：表示你必須做的準備工作。因為，大家都知道，園藝和領導力提升都需要「彎腰幹髒活」；

· 一袋泥土：代表種植花、樹和蔬菜所必需的基礎。問：一個人的基礎是什麼。答案可能包括經驗、教育、遺傳、學到的特性和用於發展的錢財；

· 種子：代表潛力，如果培養得當，就會生根發芽；

· 肥料：代表個人發展的推進力，如好的導師、支持者、脫產參加職業發展培訓等；

· 陽光與水：正如我們必須知道花草需要多少陽光和水分一樣，領導者必須掌握每個員工需要多少指導和培育；

第四步：開始動手。請大家靠近放工具的桌子。對大家說，你們要親自動手種一棵春花：先在花盆上「蓋章」，然後放進一顆植物。

「蓋章」時，請學員選擇代表自己發展階段或希望得到發展的領域的圖章：鳥的圖形、花、太陽等等。演示怎樣用印泥，怎樣蓋章，使用後怎樣清洗印章。建議他們使用速乾噴霧器，使花盆乾得快一些。等花盆變乾需要一定時間，所以，強調要想得到好結果，耐心很重要。不要讓大家敷衍了事。

花盆乾了幾分鐘之後，讓學員移到第二個桌子上，以添加泥土、種子、植物和水。

第五步：總結本次活動：「今天我們很開心，我們用園藝比喻我們的個人和職業發展。將你的花盆放在合適位置，使它能天天提醒你學到了那些東西。別忘了添加它們成長所需要的東西！」

第六步：問學員一些問題

· 鍬和鏟：代表園藝工具。

問：個人發展需要那些工具；

· 花盆：代表種植某種東西的容器。

問：容納個人成長的容器是什麼；

· 噴壺：代表植物生長的重要因素。

問：確保個人成功最重要的因素是什麼；

· 太陽：代表提供指導和教育機會的經理

作為一個領導者，要討論怎樣和下屬一起使用同樣的比喻，來幫助他們實現自己的發展目標。

3

你的領導統御風格

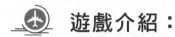 **遊戲介紹:**

　　本活動計劃先讓學員探討促使他們盡力做一個好僱員或好領導的動機,隨後考察激勵自己部下的方法。

遊戲時間: 65～85 分鐘

遊戲方法: 討論法和表演法

遊戲材料: 分發講義

遊戲用品:

・寫字板和標識筆

・彩色筆或鉛筆

遊戲步驟：

第一步：介紹和概述（5 分鐘）

1.「本活動的重點是動機——包括你自己和別人的動機。在寫字板上列出一個管理者可能會怎樣激勵其僱員和一個領導者可能會怎樣激勵其部下。」

事例：一個績效普通的管理者可能會根據一項政策或法規回答問題說：「就這麼幹是因為……」，一個領導者不會依據權威回答問題，而是致力於將部下的動機與目標聯繫起來。

2.「下面你們將探究激勵你的東西是什麼。我們還將分析 3 種關於動機的理論。」

第二步：遊戲介紹：

「本活動的目的是探討在不同情況下是什麼對我們起激勵作用。」

「分析 3 種關於動機的理論。」

第三步：是什麼在激勵著你？（30 分鐘）

1. 給出指令：「用紙和彩筆鉛筆，畫一幅你理想的工作場所的圖畫。畫出你的工作場所將是怎麼樣的，你的穿著是怎麼樣的。為了激勵你最出色地工作，你畫中的每一個人需要對你說些什麼？給學員完成他們圖畫的時間。

2.「現在假設你是一個運動員，剛剛到達奧林匹克賽場。挑選你將參賽的體育項目。來自美國廣播公司（ABC）的記者將就你為什麼來這兒採訪你。」扮演記者的角色，問學員一個簡單問題，徵詢

他們參加奧林匹克運動會的動機。

「接下來，假設你剛剛參加完比賽，沒有獲得獎牌。我，作為一名記者，將再次採訪你。」在你以學員為例做採訪時，請搜集一些描述他們失利後的感情的話。

3.「請找一位搭檔，挑選某人的一種行為，你知道這種行為是你的配偶或好朋友希望你改變的。」列出一些你的配偶或朋友說過的話。這些話沒有促使你改變自己的行為。把這些話告訴你的搭檔，他將假扮是你。

下面，說一些能促使你發生變化的話。在你的搭檔將這些話回敬給你的時候，請注意傾聽。」

第四步：有關動機的理論（15～20 分鐘）

1. 概述動機理論：道格拉斯‧麥克格雷戈；弗利德里克‧赫茨伯格；阿伯拉翰姆‧馬斯洛。

2. 要求學員識別那一種理論與他們自己在本活動中的 3 種情形下的動機相似。

第五步：將理論應用於實務（15～30 分鐘）

1. 引導學員與其搭檔一起討論，現在是什麼在推動他們提高自己的領導技能。

2. 要求學員與其搭檔一起確認一位僱員，該僱員現在正由他們管理，並討論他們想用什麼來激勵他或她。

3. 全班一起討論。

第六步：總結（1 分鐘）

總結本次活動。接著轉換到另一個活動。

講義 1：分析動機理論

道格拉斯‧麥克格雷戈：

X 理論	Y 理論
‧ 厭惡工作	‧ 生性好工作
‧ 循規蹈矩	‧ 能均勻分配時間和精力
‧ 不願承擔責任	‧ 渴望負責
‧ 明哲保身	‧ 指望自己努力

講義 2：分析動機理論

弗利德里克‧赫茨伯格：

工作不滿意	工作滿意
‧ 工作條件	‧ 工作本身
‧ 政策	‧ 責任
‧ 行政管理	‧ 表揚
‧ 監督	‧ 專業進步
‧ 人際關係	‧ 成就
‧ 錢或安全	
‧ 地位	

講義 3：分析動機理論

阿伯拉翰姆・馬斯洛的需求層次理論：

一、基本需求

· 心理需求——一種身體對食物、庇護

· 安全需求——一種對心理安全的需求，以及對確保身體和情感健康的需求。

· 社會需求——一種對歸屬、成為集體之一部份的需求。

· 尊重需求——一種對自我尊重和被別人尊重的需求

二、成長需求

· 自我實現——發揮人的全部潛能。一種對場所和空氣的需求成長和成為自己所能是的需求

 # 領導者的統御風格

你需要做的事情是完成一個圖表，由四種領導風格中是你當前最願意採用的，同時，把它與你的同事對你的領導風格的認識進行比較。

然後對每一種領導風格進行解釋和說明，在適當地運用某種領導風格時，明白如何有效地分配工作可以被視為是一種領導風格的進步。

1. 完成圖表

請把注意力轉移到圖 3-1 上來，它是一張已經完成了的圖表，依然使用上一則「自己的認識」的分數——4、10（在這次分析中我們暫時忽略「團隊」分數）——以及「他人」對他的認識的分數——8、6。我們看見，把看書視為 S3，視為是 S2/S1 的結合。請使用圖 3-2 給你打分數。

圖 3-1 完成了的領導風格圖的範例

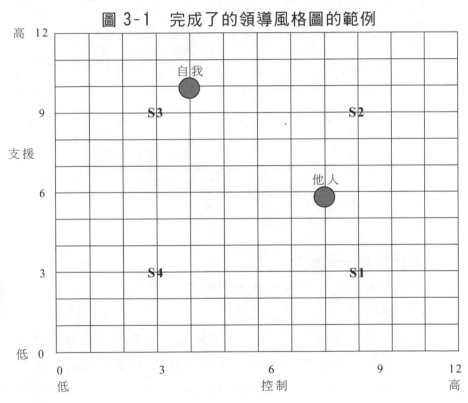

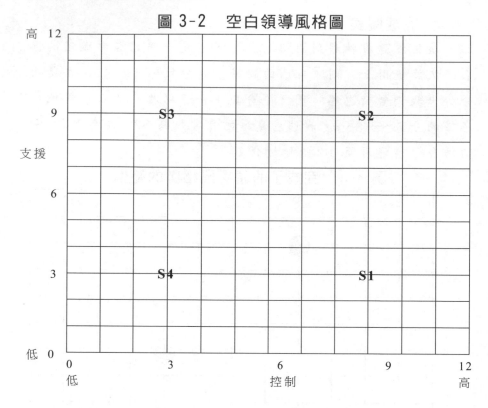

圖 3-2 空白領導風格圖

2. 理解每一個風格

讓我們依此來介紹每一種不同的領導風格：

S1：訴說

作為一個領導者，當「訴說」風格被運用時，有三種情況。

在危機中。如果存在危機，那麼，領導者的角色就是解決危機。假設以「泰坦尼克」號的船長為例，當冰山撞擊遊輪時，他把所有的管理人員都召集到一起，對他們說，「先生們，我們遇到麻煩了，我們剛才撞上了冰山。所以，我們不得不吞下這

非常艱難的苦藥。哦，我們可以先談談——聚在一起討論一下能促進各種不同選項的發現物，然後再制定一個行動計劃，當然，在實施它以前，是一個全面回顧的計劃。現在是下午三點，如果我們現在就開始的話，我們應當在四點鐘準備開始有效的行動。」

當然，他沒有這樣做！作為一個領導者，在這樣一個危急情況下，他必須抓住控制權，告訴他的追隨者要做什麼，為什麼做，以及如何做，以便快速地解除危機。

我們不僅僅要告訴人們做什麼，像一些領導者那樣，我們還必須對危機以及我們提出的行動建議給出一個清楚的說明。僅僅有「什麼」和「為什麼」是不夠的：我們必須對「如何」的特殊細節給出一個清楚的指向。例如，「先生們，我們剛才撞到了冰山。我們必須立刻棄船，大家不必驚慌。快一些，你們幾個人負責把有關消息通知給乘客，組織他們登上救生艇；喬治，你負責帶領乘客到救生艇上去，把救生艇放到海裏去，保證婦女和兒童先上船；查理斯，你去發出遇難信號；馬泰，你……我提出的秩序是……還有什麼問題嗎，先生們？沒有？那麼，立刻行動起來。」

追隨者的新角色。在某個工作崗位上，如果特定的追隨者是新人，那麼，他可能缺乏自信，感到不安全。這時候，我們需要「告訴」他們一個建設性的方法——對需要做的事情，以及為什麼和如何做提供清楚的指導，並監控他們的業績。

突如其來的消極變化。突如其來的變化容易使人感到消極，會導致自尊的喪失、不確定性和消極的情緒。領導者需要

對這一情景加以控制，以避免團隊出現裂縫，或者個人變得沒有動力或無能為力。

S2：訓練

在追隨者已經獲得一定程度的能力和信心的時候，運用這種領導風格。在我們提供「什麼？」和「為什麼？」的同時，我們還應當為追隨者提供「如何？」，尋求他們的參與，聆聽他們表達出來的觀點和意見。因此，在這裏應當存在一個真誠的對話和對實施方法的認同。

S3：支援

這種領導風格運用於我們擁有充滿自信的和有能力的追隨者，他完全能夠把工作做好。但是，我們通過提供一個「開門」政策，與他保持密切的聯繫，這樣，當我們的追隨者面對不期而至的問題和困難時，我們隨時能夠為他提供支援。

S4：分配

一種特別適用於組織中更高層面的風格。適用於領導者期待他們的助手們能夠自覺地管理好由他們負責的組織中的那部份工作，而只需提供很少的方向或支援的情況中。

3. 若干要點

有效地分配或授權，可以被視為貫穿於四種領導風格過程中的一個進步。我們應當對所有追隨者嘗試這種發展道路，從而使我們能夠最優化我們自己的時間——我們能夠因此而更輕鬆地工作。但是，如果我們繼續受困於 S1 或 S1/S2 結合的情景中，毫無疑問，我們會累得筋疲力盡，我們將無法把更多的精力關注於我們工作中的戰略問題。

如果你回憶一下曾經介紹過的有效的領導者的 16 個行為，那麼，你現在會發現，「開發追隨者」可以被視為從 S1 到 S4 的進步。

我們存在一種需要，那就是避免建立一種在錯誤的假設上行動的心態。有一個真實的故事有助於說明這一點。一位律師事務所的高級副總經理被視為是一個耀眼的新星，被預定為合夥人，但是，他的感覺完全相反。當與他談話時，他說，這種感覺的下降趨勢是因為他的合作夥伴從來沒有對他完成得很好的工作給予過讚揚（S4 應當是極少興趣的，支援和讚揚的行為是非常罕見的），偶然分配一個項目給他，也是遠超過他的技術能力和水準的，公司根本不為他提供任何指導和培訓，他只能依靠自己的努力。

如果我們能夠認識到自信的程度，認識到我們的追隨者的能力以及他們面對的情景的性質，我們就能夠選擇適當的領導風格。通過這種選擇，我們可以採取一個靈活的和適當的回應。

對領導者和他們的追隨者的集體觀點的研究認為，在領導風格的認識方面存在巨大的差距。通常，在追隨者的眼睛裏，我們操作的水準並沒有我們自視的那麼高。因此，例如，我們也許以 S2 和 S3 的結合來看待我們自己的操作，而他們則視我們為 S1/S2 的結合。

4

領導者應當做的事

遊戲介紹：

讓員工採用「腦力激盪術」，為內部客戶和外部客戶提出建設性意見。

遊戲人數：這是一個多人遊戲。

遊戲時間：大約需要 20 分鐘。

遊戲用品：

一張活動掛紙和一隻筆。

為每個員工準備一張紙和一隻筆。

遊戲步驟：

遊戲開始時，與大家討論內部客戶和外部客戶的概念，並列出你們團隊所服務的客戶。

　　把參與者分為 3～4 個小組。假定大家是在為他們所服務的客戶應該做些什麼而制定制度，問問大家，採取那些措施才能為這些客戶提供更好的服務。

　　讓員工在提出自己的想法時，具體並有所限定，而且是以肯定的方式提出。例如，錯誤的說法是：「我不會讓他們等待很久的。」而正確的說法是：「我保證讓他們等待的時間不超過兩分鐘。」

　　發給每個員工紙和筆，讓他們在紙上記錄自己的想法，並告訴大家，只給他們 10 分鐘時間來進行討論。

　　10 分鐘後，讓每個小組彙報自己的討論結果。把這些結果寫在活動掛紙上，看看那些想法能夠馬上實施，並讓大家付諸行動。因為這些想法或許需要進一步調研或者上級主管部門和領導的認可，所以委派一些員工，或者組成一個委員會來進行下一步必要的工作。

　　在對這些想法付諸行動時，要保證是在正常的許可範圍之內，要讓你的員工身體力行。如果有那些想法不能付諸執行，讓員工把原因說出來。

5

你的領導者價值觀

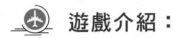 遊戲介紹：

分析核心價值觀和信念，並且評估那些價值觀對一個領導者具有關鍵性

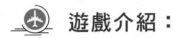 遊戲時間：90 分鐘

遊戲方法：使用討論法

遊戲用品：寫字板和標識筆

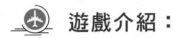 遊戲步驟：

第一步：概述（5 分鐘）

1. 介紹主題：「本活動的重點是探討你們的價值觀和信念。有關領導力的研究表明：稱職的領導者非常清楚他們的價值觀和信念，並且向自己的部下、同事、老闆和顧客明確表達其價值觀和信念。」

2. 概述：「你們要探討自己的核心信念和價值觀。接著我們要進

行一個活動，它將幫助你們運用從自己的信念和價值觀中得到的東西。」

第二步：遊戲介紹：

「本活動的目標是分析人的核心價值觀和信念，並且評估那些價值觀和信念對一個稱職的領導者是關鍵的。」

第三步：核心信念（30 分鐘）

1.「信念就是你把它們當作真理而接受的一切東西。信念是那樣一些原則、信條或學說，你把它們作為你生活中的真理而真誠地加以接受。」

2. 讓學員用幾分鐘時間寫下他們的核心信念。

3. 要求學員組成搭檔，面對面相向而坐。

4. 給出指令：「我們將要求你與搭檔一起反思自己的核心信念。在別人做記錄、提出需要澄清的問題的時候，請你決定你將首先討論那一個信念。」

5. 給他們幾秒鐘時間做決定。「輪到你說的時候，請反思你的信念，並回答這一問題：「我堅定地相信什麼？」你的搭檔要做記錄，傾聽，解釋，提出需要澄清問題。要舉例說明你按照某一信念果斷行動時的情形，或者在你的堅定信念與別人的信念產生衝突時的情形。」

「你們每個人將有 10 分鐘時間，用於告訴你的搭檔關於你的核心信念你所能說的一切。」

6. 掌握時間進度，宣佈學員相互轉換角色的時間。

7. 徵詢一份學員所持信念的清單。注意是否有相近的信念或全然不同的信念。

8. 討論：

稱職的領導者是否持有某種信念？領導者為什麼需要以及如何與別人交流他們的信念？

第四步：核心價值觀（30 分鐘）

1. 介紹：「價值觀就是我們如此堅定地持有、並支配著我們言行的那些信念，是我們樂意告訴我們週圍每個人的那些信念，是我們如此堅定地相信、進而甘願為之戰鬥的那些信念。」

「我們形成自己最初的核心價值觀是在 7～10 歲的時候。通常它們是童年時代我們的父母、教師和其他成年人所持的價值觀。像我們記得的那樣，這些價值觀在我們渡過青少年和青年時代時將會受到挑戰並有所改變。」

「現在作為成年人，我們已經建立了自己的核心價值觀，它們常常就是我們在年輕時曾經持有的那些價值觀。」

2. 在寫字板上寫出價值觀的下列這些範疇：

金錢	朋友	時間	健康
政治	性	家庭	工作

給出指令：「請各自作一思考，然後在每一範疇中寫出你的價值觀念。例如，一位領導者在培訓學員時寫道：「我看重金錢，因為它給我應對公司危機的足夠安全感。」另一位寫道：「我打算儘量努力工作，以賺得在我成長過程中我家裏沒有過的那麼多錢。」

「讓我們用 15 分鐘時間舉例寫出自己的價值觀。為了有一個

私人空間,去找一處遠離他人的地方,在這屋內和室外都可以,但如果是在聽不到我呼喊聲的地方,請注意看時間。」

3. 掌握時間進度,宣佈何時結束。請願意講的人與團隊的其他成員交流其價值觀。

4. 討論:

稱職的領導是否持有某些價值觀?領導者為什麼需要與別人交流自己的價值觀?當領導者的信念或價值觀與他們的部下產生衝突時,他們應該做些什麼?

第五步:將信念與價值觀運用於實務(20分鐘)

1. 選擇一篇文章或一段錄影片,其中一位領導者描述了他或她曾遇到的感人情形,敍述他或她如何應對挑戰。要求學員從他們所讀到或看到的材料中分析這位領導的信念和價值觀。

2. 創設一個場景,它生動地展示出一位領導者和其部下在價值觀或信念上的衝突,然後開始表演。這將給學員一次機會來感受當這樣的衝突發生時會是怎麼一種情況,並在可供選擇的行動中作出決斷。

第六步:總結(10分鐘)

要求學員寫出一種他們需要更清晰地與其部下交流的信念或價值觀。讓他們根據以上第三步的活動向自己的搭檔嘗試說明他們的信念或價值觀。他們的搭檔扮演一個領導者部下的角色,然後對領導者的說明做出回饋。

領導力評估

在每題後的括弧填 1 或 2 或 3，給你的領導能力打分數。

1=從不，2=有時，3=經常

1. 我很清楚，在我的各項職權中，那一項能產生最豐碩的成果。（　　）

2. 我把主要精力集中在少數幾個成效最為顯著的領域中。（　　）

3. 我總是開開心心地履行首要的職責，而不是心不在焉。（　　）

4. 我團隊中的主要領導者正致力於他們最擅長的工作。（　　）

5. 我首先完成那些次序優先的任務，然後才輪到那些次序靠後的任務。（　　）

6. 如果我不知道該如何解決某個次序最靠前的問題，我會努力攻克它，而不是避開它。（　　）

7. 我很清楚首先要做的是什麼事情，並一貫專注於此。（　　）

8. 我處於這樣的一個系統或環境中：我被分派做分內的工作，並獲得應有的報酬。（　　）

9. 在我的最優先一項的單子上沒有太多事情。（　　）

10. 我的個人天賦和技能足夠完成首要職責。（　　）

11. 我鼓勵團隊中的成員致力於自己的優先事項。（　）

12. 我的團隊很清楚自己的使命，並為此全力以赴。（　）

13. 至少每個季度，我和團隊的核心領導層都要開個碰頭會議確定大家都在致力於自己的優先事項。（　）

14. 我能很輕鬆地對那些次序靠後的要求說「不」。（　）

15. 如果某件事情不再具有效率了，我就把它從日程表中拿掉。（　）

16. 總的說來，我是一個紀行嚴明的人。（　）

17. 我願意根據那些最優先事項調整自己的日程表。（　）

18. 不管問到誰，他總是會告訴我，我正在致力於那些最優先事項以完成團隊的任務。（　）

19. 我把 80％ 的時間用於最重要的 20％ 的事項。（　）

20. 我有一個富於成效的日常系統，能幫助我專注於那些優先事項。（　）

得分：

50～60 分，這是你的強處。作為領導者，你要繼續成長，但是也需要花點時間幫助別人朝這方面發展。

40～49 分，這些不會妨礙你當一個領導者，但是也不會幫助你。要加強你的領導能力，在這方面多下功夫。

20～39 分，這是你領導能力的弱點。除非在這方面長足進步，否則你的領導效率將會受到很大的負面影響。

檢驗你的領導能力

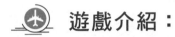 **遊戲介紹：**

在這個遊戲裏，領導者要為自己「光榮退休」（虛構的）寫一份頌詞，高度讚賞自己的職業生涯和領導風格。這個遊戲可以讓領導者公正地想一想自己給下屬的印象，還可以仔細想想需要改變和不需要改變的地方。

 遊戲時間： 根據具體情況而定，一般至少需要 30 分鐘。

 遊戲用品： 一台電腦，或者一隻筆和一張紙。

 遊戲步驟：

1. 儘管離退休的日子還很遠，但想想你留給員工們的印象，想想將來你退休時他們將會作何感想，這是你獨自進行的遊戲。也許這個遊戲的熱身部份會花費你一些時間，我們誇獎自己時都顯得有些不自在，但在關於你的領導能力方面，最終的結果將會是令人鼓舞、使人深受啓發的。還猶豫什麼呢，來試試吧！

想像你在自己退休的歡送會上，一些為你工作多年的人站了起來，走到台前為你致歡送詞。說了些什麼？那些沒有說？你的任務就是寫下來你想聽到的讚美之詞。

下面有一些示例可以供你參考：

· 高度評價一番自己領導風格的 3 個方面特點，以及這 3 個特點都對下屬產生了什麼影響。

· 說說你工作生涯中 2 到 3 個成功的故事。

· 想想你和團隊遇到的一些挑戰，描述一下你是如何以自己的領導能力戰勝這些挑戰的。

· 想想你的員工中那些人是因為你而取得巨大成功的。

· 這是一個發揮你想像力的好機會！

2. 接下來做什麼呢？下面是一些完成了你的頌詞之後的建議：

· 把你的頌詞變為現實。為了改變你的領導風格，以達到自己想要的風格，你需要採取那些特別措施？你需要什麼工具或資源支援？你將如何達到自己理想的領導風格？

· 如果你覺得自己勇氣十足，坦率地與你信任的下屬或配偶、朋友（或者其他你信任的人）談談你的領導能力。既然你已經知道了想要把自己塑造成一個什麼樣的領導者，那麼就敞開胸懷聽聽別人的意見吧。

· 把頌詞收起來，幾個月後或更長時間後，再打開看看。問問自己，那些東西已經改變了，那些沒有改變，那些應該改變，那些不應該改變。

領導力評估

在每題後的括弧填 1 或 2 或 3，給你的領導能力打分數。

1＝從不，2＝有時，3＝經常

1. 我有過領導團隊取得勝利的經歷。（ 　 ）

2. 我能克服失敗、退步和挫折，並從中學到有用的東西。
（ 　 ）

3. 我目前所處的環境對帶領團隊獲得勝利最為有利。（ 　 ）

4. 在壓力下，我能很好地工作。（ 　 ）

5. 遇到挫折後，我能很快恢復元氣。（ 　 ）

6. 我們組織的核心領導者能夠立即接受改變，並迅速從中
獲益。（ 　 ）

7. 即使那些棘手的事情都沒有解決，我也能採取某些適當
的措施。（ 　 ）

8. 我不光給出目標，而且給了實現目標的戰略步驟。（ 　 ）

9. 我對於領導藝術的態度是：不存在備用計劃。我們一定
會完成首先計劃。（ 　 ）

10. 為了完成總體任務，我願意做出重大的個人犧牲。（ 　 ）

11. 我團隊中所有的領導者都忠於職守，鬥志高昂，渴望勝
利。（ 　 ）

12. 為了獲得整個團隊的勝利，大部份隊員都願意放棄某些
權利，甚至犧牲某些個人的「小」勝利。（ 　 ）

13. 為了獲得最後的勝利，我能從當前的失敗中找到出路。
（　　）

14. 作為一個領導者，我的準備工作的好壞與團隊的成敗密切相關。（　　）

15. 我們盡可能與組織中的大部份成員一起慶祝勝利，並在此基礎上繼續朝著下一個宏偉目標前進。（　　）

16. 我們優先致力於那些能導向勝利的事情，不會被眼前的突發事件束縛住手腳。（　　）

17. 無論是大勝利還是小勝利，我們都熱烈慶祝。（　　）

18. 我把錯誤和失敗看成走向成功的墊腳石。（　　）

19. 我堅持著眼於如何完成一項工作，而不是誰因此獲得殊榮。（　　）

20. 我希望我自己以及週圍的人能表現出傑出的領導才能。（　　）

得分：

50～60 分，這是你的強處。作為領導者，你要繼續成長，但是也需要花點時間幫助別人朝這方面發展。

40～49 分，這些不會妨礙你當一個領導者，但是也不會幫助你。要加強你的領導能力，在這方面多下功夫。

20～39 分，這是你領導能力的弱點。除非在這方面長足進步，否則你的領導效率將會受到很大的負面影響。

7

領導者應具備的優良品質

✈ 遊戲介紹：

　　大家進行集體討論，討論作為領導者應該具備的品質，然後向大家揭曉那些品質是最重要的，這是一個非常好的途徑，讓管理者認識到自己的領導風格。

ⓘ 遊戲人數：多人遊戲。

✈ 遊戲時間：大約需要 15 分鐘

ⓒ 遊戲用品：

　　活動掛紙、一隻記號筆、膠帶和粘貼畫。這些粘貼畫可以是任何種類，拿取一些不同顏色又很有趣的粘貼畫（卡通人物、花、恐龍、動物、車等），為遊戲增添不少樂趣。

　　為每個參與者準備兩個粘貼畫，但最好多買一些，這樣大家可以有選擇的餘地。

遊戲步驟：

1. 讓大家從你買的粘貼畫中挑選兩個。然後把大家分為 4 個小組，讓每個小組集體討論「一個領導者應該具備的優良品質」。不要局限於某一領域，可以是不同領域的——歷史人物、政治領袖、精神領袖、商業精英等。然後討論這些人物所展露出來的、值得人敬仰的品質。也可以說說他們認為對於一個領導者十分重要的其他方面的品質，給 10 分鐘時間進行討論。

2. 10 分鐘以後，讓每個小組把各自得出的領導者應當具備的品質一一道來。在活動掛紙上大概記下來這些品質，假如有必要，用 2 張或者 3 張活動掛紙也無所謂。當你往活動掛紙上寫東西時，請注意，在左邊要留出一定的地方。

3. 每個小組都做完後，讓大家休息一刻鐘時間。休息期間，讓員工一個接一個地看看活動掛紙上的內容，然後在自己認為最重要的兩個品質的左側，把自己之前挑選的兩個粘貼畫貼上去。讓大家在休息期間做這件事的目的是，可以讓大家以匿名的方式表達自己的想法，而不是在眾目睽睽之下。在大家都貼完之後，看看大家認為那些品質最重要。

4. 決定是否讓大家在休息時間結束後進行一個簡短的討論，看看如何讓自己組織裏的領導者把這些品質付諸實踐。或者你還可以把這些活動掛紙收藏起來，作為自己以後的努力方向，也可以把這些資訊與其他管理人員分享，例如你們團隊的監督人員和高級管理人員。

遊戲討論：

1. 與其他管理人員一起——特別是那些與你們團隊接觸較多的人，討論一下遊戲的結果，並且試著把大家認為最重要的品質在日常工作環境中付諸實施。

2. 收藏好這些活動掛紙，6 個月後與大家再做一遍這個遊戲。問問大家是否感覺到了這個組織裏的管理人員已經表現出了那些品質。

3. 在這個遊戲之後，讓大家繼續討論一下，看看那些人格品質是一個領導者至少應該具備的。

心得欄 ------------------------------

作為部門的領導者

遊戲介紹：

· 分析學員以往有關組織的經驗
· 認識組織者的作用。

遊戲時間：45 分鐘

遊戲方法：介紹法和討論法

遊戲材料：

· 講義 1：部門的作用
· 講義 2：傑出的工作者

遊戲用品：寫字板和標識筆

遊戲步驟：

第一步：概述（1 分鐘）

介紹主題:「本活動的焦點是分析當領導者組織一個小組會議或職員會議的時候,他應該發揮的作用。」

概述:「首先我將向你們簡單介紹組織者所做的工作,然後我們將討論他們的作用,討論如何將這些作用運用於你的團隊。」

第二步:目的(1 分鐘)

「這堂課的目的是分析你們以往有關組織的經驗,認識組織者的作用。」

第三步:組織者的作用(15 分鐘)

1. 向學員徵詢優秀部門的具體事例,特別是部門所做的事情,列一個清單。

2. 分發講義 1。分析有關稱職的組織者所持態度及其行為的各種描述。

指出: 做一個組織者是困難的,因為其作用包括如此之多的不同方面。這些技能的培養是有益的,但是這需要時間,要完全稱職還需要練習。

有些人當不了稱職的組織者,因為他們難以聽從其直覺,只見森林(全局)而不顧全部樹木(具體問題)。

講義 1:部門的作用

議事日程——你幫助準備一份議事日程和隨後的程序。

介紹——盡力確保整個團隊都知道你的姓名以及你和你的答錄機將發揮的作用。花時間讓所有的參與者都有機會作自我介紹。

積極作用——你是團隊中的積極力量,確定基調以便能找到

最佳解決方案。你必須消除你對任何問題的疑問，這些問題是團隊將要討論的，這樣你才能使自己的弱點隱而不現。

保持中立——在會議期間你必須保持中立，因為你的作用是組織團隊的活動過程。如果你有對討論而言非常重要而又有價值的觀點或建議，那麼要在團隊成員提出了他們的觀點後才加以補充。

突出中心——將團隊成員的注意力集中在特定的任務、難點或問題上。

鼓勵參與——通過控制偏激的談話者和鼓勵沈默的人來引導所有團隊成員的參與。要抵制干擾團隊活動進程的不良行為。

廣開言路——始終保護個人及他們的觀點不受團隊其他成員的攻擊。這是要求每個人都必須遵守的基本規則。

不作評價——不對任何人提出的觀點作評價。相反，要鼓勵提出觀點的人解釋其觀點的提出背景。

借助錄音機工作——你將忙於組織工作，所以在會議期間要由別人作錄音，並利用這些資訊為製作團隊備忘錄做準備。

3. 介紹組織者的作用：

「當你組織一個團隊的時候，非常重要的是你要清楚地界定自己的作用和對團隊所負的責任。團隊成員對組織者的作用會有不同的理解，這就是為什麼需要向他們講明你的作用的原因。」

「團隊成員必須確切知道，他們能夠期望從你這裏得到什麼樣的支持和指導。用點時間說明你的作用，請使用組織者一詞。通過對這種作用加以清楚地界定，你將避免被誤解。」

第四步：練習活動（25 分鐘）

1. 指導學員組成 4～6 人的團隊，確定一個組織者來引領下一個活動。

2. 給出指令：「下一個活動的目的是讓你的團隊就我將要給你們的問題達成一致。」

分發講義 2。在這份講義上有一張 8 位傑出工作者的清單。念出每個人的姓名，並確定那 3 個人最值得表彰。

在你的團隊，假定要由你來決定在即將舉行的頒獎儀式上將對那 3 個人實際進行表彰。你們團隊的組織者將領導這場討論，時間是 15 分鐘。

講義 2：傑出的工作者

A 醫生，一位傑出的整形外科手術醫生，能使你的外表恰似你希望看到的那樣，使你理想中的外貌能成為現實。

B 先生用一種延壽術保證你活到 200 歲，這種延壽術延緩你的變化節律（在 60 歲的時候，你的外貌和感覺都像 20 歲）。

C 醫生能給你提供完美的健康，保證你終生免於身體傷害。

D 博士，一位研究權威問題的專家，他能保證你不再受到當局的干擾，你將免除所有你認為是不公正的控制。

F 先生提保證你將擁有你現在和未來想要的所有朋友，你的生活將充滿所有你想得到的愛。

G 醫生能開發你的常識和智力，使之超過 150 智商的水準；你將終生保持在這一水準上。

H博士保證你將擁有完善的自我認知、自我欣賞、自尊和自信。

E博士能給你成為完美父母的天資,擁有完美恰當的行為和態度;此外,你也將是你父母的完美孩子。

3. 走訪每個團隊,靜靜地聽他們的討論,回答任何問題。在時間快到時提醒組織者。

4. 「下面,我要求每個團隊的組織者把你們對 3 位最值得表彰的傑出工作者的評語交給我。」在寫字板上寫出他們的評語。

5. 要求小組成員將注意力集中到一個稱職的組織者的技能上,就他們觀察到的某種行為向他們的組織者提出回饋意見。請他們以第一手材料為根據。

第五步:總結(1 分鐘)

總結本次活動。

心得欄 _____

_____

_____

_____

_____

_____

9

領導者的素質

 ## 遊戲介紹：

發展與培養學員的領導能力。

1.選擇「眾人關注的領袖人物」的畫像，並將他們張貼在培訓室的四週。注意畫像的尺寸，培訓師可以根據自己的喜好自由地選擇。最好要涵蓋有特色的並且在你行業內被學員所熟知的傑出的領袖們。

2.每張畫像旁邊貼一張空白的題板紙。

3.每個學員兩張投票用的小紙條。

4.給每個學員準備一隻答題用的筆。

5.給每個學員發一份表格；印有以下內容：

「眾人關注的領袖人物」是一個短語，描述了一類人，他們通過一些技巧的組合，人性、時機的把握，成為他們時代的文化聖像。

下面列出了一些相當傑出的領導者，這些名字都是你們耳熟能詳的：

亞伯拉罕·林肯、埃莉諾·羅斯福、克裏斯托夫·哥倫布、女皇伊莉莎白一世、聖雄甘地、比爾·蓋茨、亞里斯多德、居里夫人、成吉思汗。

(1) 你在工作中，那個領導人可能是最有效的溝通者？

(2) 你在工作中，那個領導人在談判過程中可能是最有才能的？

(3) 你在工作中，那個領導人可能是最有效的解決問題的人？

(4) 在危機中，你會信任那個領導人？

(5) 那個領導人會對你的工作業績有積極的評價？

(6) 那個領導人最適合做你的上級監管者？

(7) 作為一個管理者，那個領導者的風格與你自己的風格最為相似？

 遊戲時間： 20 分鐘

 遊戲步驟：

第一步：培訓師發言：

「按照教課書上的說法，企業家應具備五個條件：一是有眼光，能看出那裏能賺錢；二是有膽量，看準的事情就敢於去做；三是有組織領導能力，能領著一幫人幹事兒；四要善於利用資本市場；五要有利益導向的經營思想而不是危機導向的經營思想，要有新的決策方法和新的觀念。你們贊同這個觀點嗎？我認為最重要的是……他們是如何確保員工不互相打探他人的隱私的？研究表明這並不是很好的職業習慣。」

第二步：把準備好的表格發給學員。針對表格中的每個問題，從掛在牆上的領導者中選出一個相匹配的領導者，同一個領導者可以選擇一次以上。逐項填完表格後，請他們舉手。

讓他們互相看看其他人選擇的是那個領導者。大聲念出每個問題，讓學員站在他們選擇的領導者畫像下面。

第三步：讓學員說一下他們選擇這個領導者的理由，把原因記在畫像旁邊的題板紙上。

對於每個問題都重覆一次這個過程。

讓學員重新坐好。選出學員選得最多的兩、三個畫像。

第四步：讓小組回顧一下寫在那些領導者旁邊的題板上的意見，並提出那些領導者最有可能說的關於管理本質的典型語錄。語錄可以這樣開頭：「應該總是記得……」或者「一個優秀的管理者……」把小組中喜歡的語錄寫在相應的領導者的畫像下面。

 ## 遊戲討論：

1. 是否有一個領導者被選出來，使得多數的學員感到很奇怪？

2. 是否有一個或者多個領導者總是被選出來？如果有，引導大家思考為什麼會這樣呢？如果沒有，是不是每一個領導者都具有一些共同的特徵呢？在選擇一個領導者的時候，是不是這些共性的特徵常常被提到？

3. 你對不同的領導者風格或者管理風格有什麼高見？

4. 作為一個領導者和作為一個管理者有什麼不同？換句話說，是否有那個領導者具有一些弱點？這些弱點會妨礙他們成為一個有效的管理者嗎？

5. 那個領導者善於處理他自己所面對的管理問題？

6. 對於你自己的風格和偏好，你自己審視過嗎？

7. 你已經辨析了不同的風格和你現在的工作環境的匹配，對於其他的工作環境，你的回答會改變嗎？你現在的工作環境和其他的工作環境有什麼不同？

8. 如果你的職員站在你的畫像下面，他們看重你的什麼特徵？在什麼情況下面，他們會選擇其他領導者？

9. 什麼障礙（內部的和外部的）會阻礙你成為你想成為的那個類型的領導者？

10.經過以上的參考，在今後的工作中，你會採取那些不同的做法？

心得欄 --

----

10 領導者要做決定

 ## 遊戲介紹：

- · 分析 3 種決策模式
- · 討論確定誰將參與決策的標準
- · 應用這些標準和決策模式。

 ## 遊戲時間：30 分鐘

 ## 遊戲方法：介紹法和討論法

遊戲材料：講義：決策模式

 ## 遊戲步驟：

第一步：概述（3～5 分鐘）

介紹主題：「請回想你的最近一次會議。在你們討論的事項中，那些僅僅是宣佈一下而已，那些只是為收集你的員工的意見，以便你能做出最後決定，那些是你讓他們來做決定的？你是否在這樣的

會議上得到了你需要的東西？」

概述：「我們將要探索如何通過確定誰應該參與決策來提高你的決策質量。」

第二步：目的（1 分鐘）

「這堂課的目的是分析 3 種決策模式，討論確定誰將參與決策的標準。」

第三步：決策模式（15 分鐘）

1. 分發講義。掌握資訊，提供具體事例。可將這一培訓計劃作為例子：

  · 由培訓師宣佈：培訓什麼時候開始，什麼時候結束。培訓師用於這次培訓的準則

  · 培訓師搜集學員關於領導技能的意見，以使他採用的培訓設計和活動能適合於學員的需要

  · 小組就有關什麼時候休息、如何利用培訓所剩餘的有限時間和在幾種可能方案中選擇那一種達成一致

2. 從學員領導別人和被領導的經歷中徵詢一些事例。討論涉及個人事務的決策類型的合理性。

第四步：確定由誰來決策的標準（10 分鐘）

分析在每一類決策中下述可用於確定誰應該參與決策的標準：

時間：可用的時間有多長？

責任：誰將對這一決策負責？

理念：你是否願意賦予自己的員工以決策的權威，特別是那些
　　　他們對此有經驗的決策，以及將在最大限度上影響到他
　　　們的決策？

培訓：誰接受過運用決策方法的培訓。

第五步：總結（1分鐘），總結本次活動。

 # 領導力評估

在每題後的括弧填 1 或 2 或 3，給你的領導能力打分數。

1＝從不，2＝有時，3＝經常

1. 我策劃一些活動，並且讓它產生積極的效果。（　）
2. 必要時，我會指出他人錯誤的行為。（　）
3. 上級知道並且欣賞我的技能和領導能力。（　）
4. 如果我強烈支持某個議題，其他人也會支持。（　）
5. 和其他經常接觸我的人比起來，我的家人即使不是更尊敬，也是同樣尊敬。（　）
6. 作為一個領導者，我能完成其他領導者沒能完成的任務。（　）
7. 最接近我的人對我懷著很大的敬意。（　）
8. 我的信念引導我的行動。（　）
9. 即使很難做出決定，我也寧願自己做出最終決定，而不把決策推給其他人。（　）
10. 我知道生活中需要什麼，並且知道如何得到它。（　）
11. 我無條件地承諾將把接近我的那些人利益置於自身利益之上考慮。（　）

12. 為我的信念和信仰，我能做出犧牲。（　）

13. 即使面對嚴峻的考驗，我也願意獨自觀對。（　）

14. 我有勇氣說不。（　）

15. 大家都知道我刻苦的工作態度和強烈的工作熱情。（　）

16. 如果我錯了，我會承認。（　）

17. 如果我相信一項事業對於組織或社區非常關鍵，我很容易招募到人參與進來。（　）

18. 面對一個棘手的人事問題，我有經驗和信心解決它。（　）

19. 我知道我作為一個領導者的長處和不足所在。（　）

20. 我說出事實，不論事實是什麼。（　）

得分：

50～60分，這是你的強處。作為領導者，你要繼續成長，但是也需要花點時間幫助別人朝這方面發展。

40～49分，這些不會妨礙你當一個領導者，但是也不會幫助你。要加強你的領導能力，在這方面多下功夫。

20～39分，這是你領導能力的弱點。除非在這方面長足進步，否則你的領導效率將會受到很大的負面影響。

11

用故事帶出觀點

 遊戲介紹：

在領導力培訓課程開始階段進行這一活動通常效果良好。假如你希望學員以後作演示，這是一個讓他們鍛鍊即興演示的機會。這一活動應該在介紹完整個研討會日程後進行。

 遊戲人數： 20 人

 遊戲時間：

授課時間 60 分鐘，最後留 15 分鐘演示講故事；每個學員用 5 分鐘講故事；10 分鐘回答問題

 遊戲方法：

· 演示
· 討論
· 講故事

遊戲材料：

· 講義：講故事核對表
· 招貼紙和標記

教室佈置：讓學員圍成一圈，或將椅子佈置成 U 形。

遊戲步驟：

第一步：講一個故事，故事應包括一個完整故事應有的所有要素。

方式 1：講一個公司的遠景或計劃如何變成現實。

方式 2：講一位培訓師的故事，重點突出他或她在工作中克服的困難和得到的教訓。

第二步：講解一個好故事應包含的要素。

分發講義「講故事核對表」，討論各要素。

回顧第一步講的故事，溫習好故事的要素。

第三步：讓學員講故事。

每個學員應講一個故事。選擇以下話題：

· 講一個你某次領導得最好的故事;（假如你準備使用庫塞斯一波斯納模型，應該講這樣的故事，因為這是他們研究的基礎。）

· 講一個你生平第一次意識到你有能力的故事;

· 講一個你意識到你可以在職業上達到一個里程碑的故事；

· 講一個你解決了一個重要業務問題的故事。

給學員一定時間選擇和組織自己的故事。

第四步：讓學員自己決定講故事的順序，然後開始輪流講。每個故事控制在 5 分鐘之內。

第五步：討論作為領導力的一項能力的講故事技能。用下列問題啟發每個人說出講故事的價值所在：

· 在你成長的過程中，家裏人講的故事或家裏沒有人講故事對你有什麼影響？

· 進入現在的公司後，你聽到的第一個故事是什麼？這些故事是否改變了公司給你的印象？如何改變的？

第六步：總結並討論富有激情的領導者是如何講故事的。

請學員按第二步的大綱要求覆述一個他在公司經常聽到的故事。

或者請學員寫一個確認某人成就的故事。建議他們向公司通信投稿，或在班組會議上講述，或通過電子郵件發送。

詢問學員在本次培訓班上以及在工作中如何去講故事。

講義：講故事核對表

講一個好故事並不難：所要做的就是按順序講出以下要素。請使用本核對表，在方框內打「√」。

□場景　什麼時候在什麼地方發生。

□人物　故事中有那些人物，說出他們的姓名。

□情節　指出困難或問題。

□心理　說出人物的意圖。他們試圖解決問題時，心裏想到
　　　　了什麼？

□行動　每個人是怎麼做的，要具體。

□道具　用某種道具強調重要細節，吸引聽眾。

□懸念　製造一個噱頭或笑料，使人印象深刻。

□結尾　講述故事的結局。

 ## 遊戲討論：

· 講故事的能力是領導能力的一部份

· 如何講故事

· 練習

12

會議上的好幫手

 ## 遊戲介紹：

在會議之前，管理人員告訴一些與會者，讓他們扮演特殊的角色。與通常的會議相比，所有這些角色都能使這次會議變得更加積極和有效。

 ## 遊戲時間：

遊戲是在已安排好的會議上進行。除了在會議結束時的 2 分鐘總結和彙報，不需要額外的時間。

遊戲材料：

角色扮演說明的複印件，把每個角色的說明分別剪下來。

遊戲步驟：

　　花一些時間考慮一下每個角色的合適人選。一旦你做了決定，單獨找每個人談談，看看他/她是否願意承擔你安排的角色。一定要告訴他/她，沒有其他人知道會議上你給他/她安排的角色。做一個給那些承擔你安排角色的人的補償計劃（例如，宴請他們或者送一些花給他們等）。

　　在會議上，給予那些你安排的仗義執言者一些支援，但要適度，不要讓別人看出來你們是共謀的。

　　會議結束時，問問與會者這次會議與以往會議相比是不是有所不同。要非常有誠意地征得答案，然後向大家公佈：你在會前已經和與會者中的一部份人有過約定，為的是讓會議表現得更活躍和更有效率。並且還要指出，儘管已經在會前做了一些安排，但這些並沒有讓這次會議顯得效率低下和破壞這次會議的目的。

　　根據你所選人員的一般性格特點，你也許想看看給他們安排的角色是否符合他們本來的性格，看看他們是否能夠在會議上把你安排的角色扮演好——也許你從來沒這麼想過。

會議上的仗義執言者

把這一頁複印下來，然後把每個角色剪下來。私下裏把這些角色交給那些你事先選定的人。

會議上你的角色：在會議進行過程中，至少表揚某個人兩次（緣由可以是因為他/她提供了一個思路，或者是表達很不錯，等等）。

會議上的仗義執言者

把這一頁複印下來，然後把每個角色剪下來。私下裏把這些角色交給那些你事先選定的人。

會議上你的角色：只用肯定的回答。儘量避免使用諸如「不能」和「不可以」之類的回答，而是用肯定的回答：「能」和「可以」。

會議上的仗義執言者

把這一頁複印下來，然後把每個角色剪下來。私下裏把這些角色交給那些你事先選定的人。

會議上你的角色：做一個熱情的啦啦隊長。在會議上找機會做一些隨聲附和式的鼓勵，例如「我們能夠做到」或者「那樣做真不錯」。

會議上的仗義執言者

把這一頁複印下來，然後把每個角色剪下來。私下裏把這些角色交給那些你事先選定的人。

會議上你的角色：每次有人看你時，你就對他（她）笑笑。

會議上的仗義執言者

把這一頁複印下來，然後把每個角色剪下來。私下裏把這些角色交給那些你事先選定的人。

　　會議上你的角色：帶來一些食品和飲料，給大家一個驚喜——可以是蛋糕、巧克力、新鮮水果、可樂等諸如此類。

會議上的仗義執言者

把這一頁複印下來，然後把每個角色剪下來。私下裏把這些角色交給那些你事先選定的人。

　　會議上你的角色：在會議之前，你悄悄地把會議室打掃乾淨，收拾整齊，千萬不要讓別人看見。在會議室中央放上一些鮮花。

13
領導者要建立起共同價值觀

✈ 遊戲介紹：

想為你的員工建立一種積極有效的工作環境嗎？可以是一個短暫的會議，或是一次集中培訓，甚至是每天的工作環境？這個遊戲能夠為你提供一些指導。這個遊戲最值得注意的地方是，由參與的學員自己提出來的共同價值觀，與那些由管理者或其他人提出來的共同價值觀相比，更容易得到員工的認可並且更適合員工遵從。

✈ 遊戲時間：大約 15 分鐘，需要多人進行。

€ 遊戲材料：一張活動掛紙和一些筆。

✈ 遊戲步驟：

請先在一次見面會或者集中訓練會上（或者其他任何持續時間較長的集體活動，時間可以是一個小時到幾天）順便進行這個遊戲。你可以這麼跟員工講：任何一個團隊的成功，在很大程度上都取決於參與其中的人能否遵守相同的規則。簡要地討論一下，假如大家

沒有這麼做會發生什麼（例如，大家會變得焦躁和厭煩，會削弱團結）。

這個遊戲的目的，是讓參與學員提出一些共同價值觀的指導性建議和方針。一旦這些建議和方針被採納，所有參加這次集體討論的人都應該遵守。

把參加討論會的人，分成 3 組或者 4 組，給他們 10 分鐘時間討論一下共同價值觀——會議期間經過大家認可的，今後就應該擁護和支援。下面是兩個例子：

‧守時。

‧全心全意參與。

5 分鐘後，讓每個組講一下各自的討論結果，你把這些共同價值觀寫在活動掛紙上。一旦某個組結束討論，達成一致，讓其他組一到兩個成員來談談這些共同價值觀將會帶來那些益處或價值。例如，假如每個人都守時，那麼課堂就不會被遲到的人打斷，就不會有人缺席或者錯過學習。確保參加討論會的每個人都同意今後要遵守的方針。

在討論會進行時，把活動掛紙掛起來。在會議休息期間，你可以花些時間重新寫一下，以便更簡潔、更精彩（或者讓一個寫字好看的參與者來做）。

 # 遊戲討論：

‧如果你想對遊戲進行擴展，可以再花一些時間來討論：假如每人都遵守那些共同價值觀，會有什麼後果。

· 再多花一點時間對遊戲進行提煉，為日常工作環境建立一套共同價值觀。

14
如何分配時間

 ## 遊戲介紹：

以誠實的態度，去回顧自己是如何安排時間和精力的，接著去做適當的調整。這個遊戲會讓大多數人大開眼界，它將會提高工作效率和減輕員工的壓力。

 ## 遊戲時間：

大約 30 分鐘（如果你打算討論一下將來採取什麼步驟來調整工作安排，時間就要長一些）。這個遊戲可以是多人進行，也可以單獨進行。

遊戲材料：

每個員工一份圓形圖示例，和一份空白圓形圖。

遊戲步驟：

在遊戲開始之前，進行一個簡短的討論，瞭解一下在實際開展專案的過程中時間和精力的重要性：

· 可以切實地估計出項目從開始到完成需要的時間（還可以估計出需要多少資金和人力投入）。

· 可以避免因不切實際的期望造成的壓力和挫折感。

· 可以學會有條不紊地進行項目，而不是集中全力地突擊完成一些事情。

· 可以很好地完成工作任務，給別人帶來價值。

告訴員工，他們即將進行的遊戲可以幫助自己看看一天的時間是怎麼過去的。首先，讓他們把自己一天的時間是怎麼分配的畫在一個圓形圖裏，然後再在另外一張圓形圖裏把自己在工作期間想怎樣分配時間和精力畫出來。

把示例圓形圖和空白圓形圖複印，發給大家。讓大家看看示例圓形圖，然後完成各自的圓形圖。讓他們在第一張空白圓形圖裏填上自己每項活動的名稱，並按照所用去的時間來進行劃分。讓大家在第二張圓形圖裏把自己想要如何分配工作時間和精力按照比例畫出來。根據你團隊的成熟程度和特點，有時對你的員工說明一下不要把與工作不相干的事情填在第二張圓形圖裏是有必要的，例如去海灘或者網上衝浪等。這將是一個非常好的機會，讓大家確確實實、認認真真地看看自己如何能夠提高工作效率和工作滿意度。

給大家 20 分鐘時間來填寫完圓形圖，然後在你認為合適的時

間進行總結和彙報。你也可以以小組討論的形式來回顧這些圓形圖，看看那些類型或者趨勢的確存在。

假如你能夠在這個遊戲之後，以對話的形式與你的員工進行交流，看看需要採取那些必要的步驟來實現他們在圓形圖上所畫的理想的工作時間安排，那將會大有裨益。

在一到兩週的時間內，與員工們一起檢查一下，看看他們的時間和精力安排是否在向著理想狀態而轉變。

 ## 遊戲討論：

· 不要一次就把這個遊戲進行完畢，讓員工們在某個時間段完成圓形圖的填寫，這樣，他們的估計就會更準確、更貼合實際。

· 鼓勵員工對自己的個人生活也做一次這樣的遊戲。這樣，他們也可以看看自己在家庭生活、精神生活、愛好、健康、娛樂、教育等方面是如何安排時間的。

· 在讓員工做這個遊戲之前，你自己先做一下，並考慮與大家分享，大家將會因你的示範作用而受到鼓舞。

表 14-1

示例 1　你是如何分配你的時間和精力的：

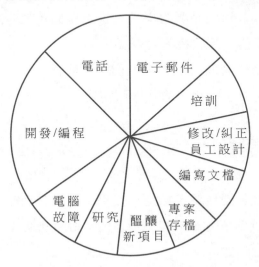

示例 2　你是如何打算分配你的時間和精力的：

表 14-2

你是如何分配你的時間和精力的：

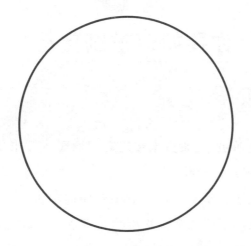

你是如何打算分配你的時間和精力的：

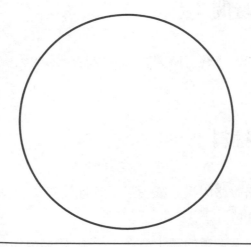

15

你要如何推銷自己

 ## 遊戲介紹：

　　利用「推銷遊戲」，使員工彼此之間搶奪「買主」，讓員工的口頭表達能力和說服力得到訓練。

　　即使你的員工在實際工作中並不做任何銷售工作，但這個遊戲將會鍛鍊他們的創造性思維和交流的有效性。這個遊戲最適合那些表達能力強和喜歡「比賽」的員工。

 ## 遊戲時間：

　　大約需要 20 分鐘。時間將根據進行陳述的人數多少而有所不同。

遊戲材料：

　　本遊戲後面表格的複印紙一張，並且按照顏色把它剪成紙條，每個紙條一種顏色。

　　假如參加這個遊戲的員工超過 12 個，就再增加一些其他顏色，

或者你也可以讓一些剩餘的員工來組成評審團。你還需要準備紙、筆、膠帶和一個能夠以秒計時的表。你也可以為勝利者準備一些獎品。

 ## 遊戲步驟：

在員工進入房間以前，把你事先剪好的帶有不同顏色的紙條貼在每個椅子底部。

告訴員工，他們馬上將要進行一個比賽，這個比賽的形式是大家都得做一個簡短的陳述，然後遊戲開始。

這個遊戲的目的是讓「聽眾」（即其他參與者）選擇所有陳述者推銷的產品。當大家都做完陳述後，集體投票決定誰的陳述最具有說服力。

告訴大家，他們有 5 分鐘時間來為自己的陳述做準備，陳述的時間不能超過 2 分鐘。最後告訴大家，他們將要推銷的產品是「顏色」——無形的產品。他們可以進行陳述，也可以做一些動作，只要能夠讓聽眾選擇自己的顏色，而不是選別人的。他們開始時應該問問自己將要推銷的顏色的優點和缺點是什麼，什麼地方能吸引人。

在大家都明白了將要做的事情之後，告訴大家，看看自己的椅子底部，並開始準備。5 分鐘後，讓某個人做第一個 1 分鐘陳述。等到大家都做過陳述之後，進行集體投票，看看誰是獲勝者。

討論一下，看看那些方法或者技巧能夠在爭取「買主」的過程中比較有效。也可以討論，假如在真實的工作環境當中進行這個遊

戲，將會怎樣。

推銷顏色	
紅色	橙色
黃色	紫色
綠色	褐色
黑色	灰色
藍色	茶色
白色	粉紅色

16

回憶你看到的傑出領導人物

 遊戲介紹：

　　讓參與者從自己以往經歷回顧一位非常傑出的領導者，可以是老師、教練、顧問或經理，談談為什麼這個人能給他們留下如此長久和深刻的印象。通過這個遊戲，可以讓領導者洞察那些使員工深受感動和對其產生深遠影響的領導風格和行為。

 遊戲時間：

　　大約需要 20 分鐘時間，但如果參與者較多，時間很可能要延長。單獨進行這個遊戲也非常容易。

 遊戲材料： 無

 遊戲步驟：

　　讓大家閉上眼睛約兩分鐘，回憶過去。通過回想自己的童年、青少年和成年時期，他們應該挑出來一位給自己留下強烈和美好印

象的、處於領導地位的人——可以是一位老師、教練、顧問、前任經理或其他人。告訴大家，他們不僅僅是回憶一個人，還要回憶這個人做過什麼、對自己產生過什麼影響，以及為什麼會如此印象深刻並牢記在心。

幾分鐘後，讓每個員工做一個簡短的報告。

通過指出一些你在員工報告裏感受到的領導方式，作為彙報總結。例如，經常會有一些小事情給人留下長久而美好的印象，而這往往就是那些率直和謙遜的領導者們所帶給人們的深遠影響。

這個遊戲不必非得多人進行，它可以是管理者和員工之間對話的一個開放式問題，也可以是一個非常不錯的考察應聘者的問題。

在會議上每過一定時間就讓一個員工做報告（甚至你還可以每隔一週或更長時間讓員工做報告），是一個能夠讓這個遊戲簡易而有效進行的方法。例如，把這個遊戲告訴你的員工，然後聽取一兩個人的報告；在下次休息時，再聽取一兩個人的報告；在午飯時再聽取一兩個人的報告……如此進行下去，直到每個人都做了報告。

17

要使用那種溝通交流方式

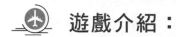 **遊戲介紹：**

通過一些有趣的個人經歷，讓員工決定：面對面交流、電話交流和電子郵件交流，這 3 種方式中，那種方式是重要的。

遊戲人數： 多人遊戲。

遊戲時間： 大約需要 15 分鐘時間

遊戲材料：

一張活動掛紙、一隻記號筆、幾塊大手帕、帶紙夾的筆記板、筆和紙。

遊戲步驟：

1. 在進行遊戲之前，大家討論一下他們與顧客、同事、供應商以及委託人之間都有那些不同的交流方式。告訴大家，他們在這個

遊戲裏將要決定那些方面是在以下列 3 種方式進行交流時重要的：面對面交流、電話交流和電子郵件交流。

2. 把大家分為 3 個小組。第一組進行面對面交流。這一組的人沒有任何限制，他們只需要坐在房間的某個區域內，用筆和紙記錄下他們在進行交流時所發現的東西。

第二組進行電話交流。這一組的人要用手帕蒙上眼睛（實際電話交流時大家是看不到對方的）。他們也需要在房間的某個區域內坐在一起。有一個人可以不用蒙眼睛，但要記錄下大家進行遊戲時的發現。

第三組進行電子郵件交流。這一組的人要背對背坐著，而且不能說話。給他們每個人一個筆記板、一隻筆和一些紙。為了能夠交流，他們應該把想要傳遞的資訊寫在紙上，然後彼此傳遞給對方。

3. 現在就可以給大家分配任務了：他們要「討論」一下各自交流方式的優缺點，然後對於如何使各自的交流方式能夠清晰、有效地傳遞資訊，至少總結出 3 個要點。

4. 給大家 10 分鐘時間，然後讓每個組做一個彙報，大家可以不必蒙上眼睛，也不必背對背坐著了。

5. 把總結要點寫在活動掛紙上。在遊戲結束之後，把這些內容輸入到電腦裏，做成一個資料檔，然後發給每個培訓學員。

18

領導者的表達方式

遊戲介紹：

當你需要同事幫助你時，該怎麼辦？這個遊戲將會訓練交流方面的關鍵技能。

遊戲人數：多人遊戲。

遊戲時間：大約需 30 分鐘時間。

遊戲材料：活動掛紙、記號筆和膠帶。

遊戲步驟：

1. 與員工們一起討論在他們工作當中需要別人幫助的 10 個事項，可以是需要資訊、需要一些切實的東西或者其他什麼。

把這些需要，寫在每張活動掛紙頂部，與大家談談他們是怎麼處理這些事情的，例如：他們是怎麼說的？他們親自處理了這些事情，還是通過電話或者電子郵件來處理的？他們在說話之前想過如

何表達嗎？

2. 接下來，告訴大家，他們以後就可以讓自己在需要別人幫助時，使自己的需要得到有效、充分、完美的滿足，這一切只需要他們學習兩種頗具魅力的溝通方式。換句話說，他們馬上就要學習兩種更好的表達方式。這兩種方式是：詢問，不要命令；向對方說明價值所在。

「詢問，不要命令」不言自明。這對於尋求別人幫助是一個非常有益的方法，因為每個人都喜歡被詢問而不是被命令。「向對方說明價值所在」的意思是說，讓其他人也知道假如你的需要被滿足了將會帶來那些益處。員工們必須考慮價值所在，而且要向其他人指出價值所在。例如：

「如果你是這方面的專家，那麼應該確實能夠幫助顧客理解她的保險計劃是如何運作的。她現在實在對此很糊塗。」

「假如我能在今天下班時拿到你所做的文檔，那麼我們就可以按期上交我們的預算方案了。」

3. 把活動掛紙分為兩個部份，把每部份分別貼在房間的不同位置（設立兩個展台，每個展台至少有 5 個並排貼在牆上的活動掛紙；一個展台是「詢問，不要命令」，另一個展台是「向對方說明價值所在」）。

4. 把大家分為兩個小組，給每個小組指派一個展台（給他們記號筆）。他們的工作就是以「更好的表達方式」來提出各自的需要，並且寫在相應的掛紙上。大約 10 分鐘後，讓每個小組陳述各自的需要。在做彙報總結時，請大家討論如下兩個問題：

· 有時沒必要向對方說明價值所在（例如有人可能要借一本

書），但當需要這麼做時，這又是一個非常重要的技巧。

· 假如大家都能夠彼此相互尊重，以詢問的口吻而不是命令的口氣說話，工作場所會變得輕鬆、融洽。

19
要積極行動

 ## 遊戲介紹：

讓員工修改消極陳述句子，使陳述變得積極和樂觀。

 ## 遊戲時間：

大約需要 15 分鐘時間，這是多人遊戲。但是，經過稍微改動，也可以作為單獨進行的遊戲。

 ## 遊戲材料：

一張對你工作環境消極陳述的表單，一個球。

遊戲步驟：

第一步：遊戲前的準備

在某個時間段裏（幾天或者一週，甚至更長時間），留心員工在工作時進行交流所使用的語言（也可以留意顧客或者合作夥伴的）。寫下一些消極的陳述，也可以寫下一些不切實際的陳述。下面舉了一些例子，可以作為你留意員工說什麼時的參考：

- 不要把那本書放在那裏。
- 我們做不了那個。
- 那將是徒勞無益的。
- 那不是我們的政策。
- 當你掌握了必要資訊時，最好打個電話過來。

把你聽到的陳述寫在一張紙上，注意要留下足夠的空間來改寫它們。為參加遊戲的每個人準備一份這張紙的複印件。

第二步：遊戲進行期間

在遊戲剛開始時，和大家簡要討論一下積極的表達所帶來的益處：當人們以積極、樂觀的口吻說話時，能夠建立和諧的氣氛，並能增進彼此合作。

把消極陳述列表的複印件發給大家，告訴大家，這上面寫的都是最近無意中聽到的關於這個部門的消極陳述。同時告訴大家，他們的任務就是改寫這些陳述，代之以積極、樂觀、合作的陳述，「拒絕消極」。給大家 10 分鐘時間來改寫。

第三步：完成後

完成後讓每個人都站起來。告訴大家，他們要把球擲給某個人，然後接到這個球的人就把消極的和他（她）自己改寫過的陳述讀給大家聽，再把球擲回給你。假如你還想聽聽別人是怎麼改的，就再把球擲給另外一個人，如此繼續下去，直到大家都把自己修改過的陳述讀了出來。

20

想法轉化為執行力

遊戲介紹：

這個遊戲的兩個部份能夠幫助領導者把想法轉化為行動。通過這個自己進行的遊戲，領導者可以發現自己管理風格中的重要方面。

遊戲時間：需要 20 分鐘，這是一個單人遊戲。

遊戲材料：兩張表。

遊戲步驟：

當有人說你這個人能夠為員工著想時，感覺總是不錯的。但

是，向別人證明你的確名副其實，也是一樣重要的。那麼，你該怎麼做呢？你可以通過自己的管理風格和日常管理中的行動來支撐你的團隊，為你的團隊創造良好的事業平台來達到此目的。

完成表 20-1 和表 20-2，然後完成最重要的一步：在工作中把這些付諸實踐。

表 20-1　這是我的行為

花時間考慮一下員工的工作職能和你的管理職能。不管你說了什麼或者想要說什麼，你實際上傳遞給員工的資訊是什麼？請寫下來你認為是你的管理風格，並且可能傳遞給員工錯誤資訊的兩種行為或習慣。

通過向自己發問的方式，剖析這些行為實際傳遞給員工的資訊——不要理會你的動機。下面有一個示例：

行為一：他們跟我說話時，我沒有看著他們，我看著地板，要不然就是看著遠處。

這意味著：你的話沒法讓我完全關注。我在想著其他事情，直接看著你我會覺得不舒服。

行為二：＿＿＿＿＿＿＿＿＿＿＿＿＿＿＿＿＿＿＿＿＿
＿＿＿＿＿＿＿＿＿＿＿＿＿＿＿＿＿＿＿＿＿＿＿＿＿

這意味著：＿＿＿＿＿＿＿＿＿＿＿＿＿＿＿＿＿＿＿
＿＿＿＿＿＿＿＿＿＿＿＿＿＿＿＿＿＿＿＿＿＿＿＿＿

行為三：＿＿＿＿＿＿＿＿＿＿＿＿＿＿＿＿＿＿＿＿＿
＿＿＿＿＿＿＿＿＿＿＿＿＿＿＿＿＿＿＿＿＿＿＿＿＿

這意味著：＿＿＿＿＿＿＿＿＿＿＿＿＿＿＿＿＿＿＿＿＿

＿＿＿＿＿＿＿＿＿＿＿＿＿＿＿＿＿＿＿＿＿＿＿＿＿＿

表 20-2　我所要傳達的訊息

在完成表 20-1 之後，提出自己想要傳遞給員工的資訊，然後把它們轉化為相應的行動。例如：

我想要傳遞的資訊：我知道保持十足的幹勁和精力充沛的狀態往往是比較困難的。

傳遞這個資訊的行為：微笑著，說一些鼓勵的話，講一講自己從前摸爬滾打的經歷，用從前的成功提醒員工。

我想要傳遞的資訊：＿＿＿＿＿＿＿＿＿＿＿＿＿＿＿＿

＿＿＿＿＿＿＿＿＿＿＿＿＿＿＿＿＿＿＿＿＿＿＿＿＿＿

傳遞這個資訊的行為：＿＿＿＿＿＿＿＿＿＿＿＿＿＿＿

＿＿＿＿＿＿＿＿＿＿＿＿＿＿＿＿＿＿＿＿＿＿＿＿＿＿

我想要傳遞的資訊：＿＿＿＿＿＿＿＿＿＿＿＿＿＿＿＿

＿＿＿＿＿＿＿＿＿＿＿＿＿＿＿＿＿＿＿＿＿＿＿＿＿＿

傳遞這個資訊的行為：＿＿＿＿＿＿＿＿＿＿＿＿＿＿＿

＿＿＿＿＿＿＿＿＿＿＿＿＿＿＿＿＿＿＿＿＿＿＿＿＿＿

你通過什麼樣的行為，來傳遞資訊，你有否感到束手無策嗎？下面有一些建議：

- ・「我相信你能行。」
- ・「你的貢獻很有價值。」
- ・「你是這方面的專家。」
- ・「對於你的出勤和工作，我心中有數。」

 ## 領導力評估

在每題後的括弧填 1 或 2 或 3，給你的領導能力打分數。

1=從不，2=有時，3=經常

1. 作為領導者，我會在適當時機採取恰當的行動。（　　）
2. 在做出決斷前，我會先與組織內部少數幾位最核心的顧問共商大計。（　　）
3. 我不僅會認真思考該如何採取行動，還會著重考慮開始實施這項行動的最佳付款方式。（　　）
4. 他人信賴我選擇適當時機方面的判斷力。（　　）
5. 我在規劃某項活動時，會考慮到過去、現在和未來。（　　）
6. 在我負責做決策的領域內，我具有相當高的專業水準。（　　）
7. 即使會遇到錯綜複雜的關於時機判斷方面的問題，我仍能很好地做出決策。（　　）
8. 在做出重大決策或者變動之前，我會對市場行情和主要

趨勢加以深思熟慮。（　　）

9. 我知道自己在判斷時機上會出現的錯誤模式。（　　）

10. 在做出重大決策或招聘上層員工之前，我會加以深思熟慮。（　　）

11. 我能抓住適當時機做出中肯的發言。（　　）

12. 我能密切關注同行業的組織在創新領域裏的所作為所為。（　　）

13. 我的單位能竭盡全力實現創業夢想。（　　）

14. 在與其他組織交往的過程中，我能很自覺地抓住適當的時機發言行事。（　　）

15. 其他的領導層人物會在時機判斷方面和我諮詢。（　　）

16. 我能把當今世界的主要動態所造成的影響與單位聯繫起來。（　　）

17. 經過一番長時間的談判後，我能適時地引導出談判結果。（　　）

18. 我深信選擇適當的時機與採取恰當的行動同樣重要。（　　）

19. 只要我有把握認定時機不對，即使會面臨巨大的壓力，我也會暫停做出某項變動。（　　）

20. 在對一項變動的最佳步驟加以深思熟慮後，我會向他人諮詢，以確定自己對果機方面的判斷是正確的。（　　）

得分：

50～60 分，這是你的強處。作為領導者，你要繼續成長，

但是也需要花點時間幫助別人朝這方面發展。

40～49 分，這些不會妨礙你當一個領導者，但是也不會幫助你。要加強你的領導能力，在這方面多下功夫。

20～39 分，這是你領導能力的弱點。除非在這方面長足進步，否則你的領導效率將會受到很大的負面影響。

21

找出你的領導魅力

 遊戲介紹：

分析我們所瞭解的最好、最差的領導者品行。

遊戲時間： 60 分鐘

遊戲方法： 使用討論法

遊戲材料： 寫字板和筆

遊戲步驟：

第一步：概述，約 1 分鐘

1. 介紹主題：「本活動的重點是回憶我們作為成年人在做部下時的體驗。我們想弄清我們所知道的最好的和最差的領導者都有些什麼品行。」

2. 概述：「在小組裏你們先談談自己遇到的最差的領導，再談談自己遇到的最好的領導。」

第二步：遊戲介紹

「本活動的目的是弄清我們所知道的最好的領導和最差的領導的品行。」

第三步：最差的領導（約 10 分鐘）

1. . 由 4～6 人組成一個小組，圍坐在桌旁。給每個小組發兩張大的活動紙板和兩隻彩色標識筆。

2. 給出指令：「在第一張活動紙板上，盡可能多地寫出你們見過的最差的那類領導者對你或別人所表現出的品行。你們想到什麼全寫上去。」

3. 掌握時間進度。

第四步：最好的領導（約 10 分鐘）

1. 給出指令：「盡可能多地寫出你們見過的最好的那類領導者對你或別人所表現出的品行。把你們想到的全寫上去。」讓學員用另一種顏色的標識筆寫出這些品行。

2. 掌握時間進度。

第五步：應用和總結（10 分鐘）

1. 請每個小組將其表格貼到牆上。讓大家一起對它們做個比較，找出共同點和不同點。

2. 請一些學員回憶一下在「最好」一欄和「最差」一欄中那些特點是由自己提出的。請他們列出由其提出的那些將有助於他們成為稱職的領導者的品行，以及那些可能妨礙他們成為稱職的領導者的品行。建議他們思考一下克服或改善那些不良品行的方法。

3. 轉換到下一次活動內容。

 ## 遊戲討論：

很多時候，我們被那些沒有有效地發揮領導作用的人所誤導。結果，在我們的心目中沒有關於領導者究竟應該是什麼樣的楷模。

本活動對領導力的探索可以作為一個準備活動。

領導力評估

在每題後的括弧填 1 或 2 或 3，給你的領導能力打分數。

1＝從不，2＝有時，3＝經常

1. 我決定要投入時間和精力栽培其他員工。（　　）

2. 我發揮才幹和精力，最主要是為了使繼任者能從中受益。（　　）

3. 我能把一部份的時間用在栽培年輕人上面。（　　）

4. 我所做出的貢獻能使他人從中受益。（　　）

5. 我的時間主要用來幫助他人創造更美好的未來，而不是用於保全自己的地位。（　　）

6. 我所做的工作是建設性的，而不是妨礙性的。（　　）

7. 我已經確定自己能在那個領域中為世界做出最大的貢獻。（　　）

8. 我的首要職責是發揮自己最大的長處。（　　）

9. 我能在鑑別他人的潛能，並著手對其進行栽培這項工作中得到無窮的樂趣。（　　）

10. 相對於單槍匹馬的奮鬥，我更願意帶領團隊創業。（　　）

11. 我在工作過程中有明顯的成就感和幸福感。（　　）

12. 我能用「超越自我」的眼光看待生活。（　　）

13. 我致力於幫助他人，以使他們能比原來做得更好。（　　）

14. 我要留給公司的財富是為了使他人受益，而不是為了鞏固自己的地位。（　　）

15. 他人能對我所要留下的財富感興趣，並願意幫助我做出改進。（　　）

16. 即使我個人無法實現既定目標，我也願意不屈不撓地奮鬥。（　　）

17. 我是為了組織的利益才懷有留下某種財富的夢想和願望的，並不是出於個人利益的考慮。（　　）

18. 我樂於與他人分享管理權和控制權。（　　）

19. 我畢生的奮鬥是為了實踐這樣一個生活準則：使他人生活得更好比讓自己為他人懷念更為重要。（　　）

20. 我能清楚地預見自己將給組織留下什麼財富。（　　）

得分：

50～60 分，這是你的強處。作為領導者，你要繼續成長，但是也需要花點時間幫助別人朝這方面發展。

40～49 分，這些不會妨礙你當一個領導者，但是也不會幫助你。要加強你的領導能力，在這方面多下功夫。

20～39 分，這是你領導能力的弱點。除非在這方面長足進步，否則你的領導效率將會受到很大的負面影響。

22

領導者要促使別人行動

 **遊戲介紹：**

稱職的領導者的重要特點之一是他們能促使別人行動。

本活動旨在幫助學員體驗將「我」和「我們」這兩個代詞加於他們身上的不同效應。

 遊戲時間： 60 分鐘

 遊戲方法： 討論法、表演法、遊戲法

 遊戲材料：

· 挑選一封信或者一個公司的年度報告，改編成兩個版本，一個專門用代詞「我」，第二個僅用「我們」

· 選擇進行一次競爭性的、以團隊為基礎的遊戲，學員在本活動開始的時候可以進行這一遊戲

遊戲用品：寫字板和標識筆

遊戲步驟：

第一步：概述（10 分鐘）

1. 介紹主題：「我們將研究兩個微不足道的詞對我們的影響。這兩個詞是『我』和『我們』。」

2. 介紹遊戲：「首先，我們要進行一個團隊遊戲。」介紹一項你選定的、帶有競爭性的遊戲。

第二步：誰玩遊戲（8 分鐘）

1. 給出指令：「想一想我們剛剛玩的遊戲。用短語『是我』回答下列問題。」

⑴誰玩了遊戲？

⑵誰贏了？

⑶誰帶領玩遊戲的？

⑷誰理解這個遊戲的目的？

2.「現在我要重覆 3 個問題。請用短語『是我們』回答每一個問題。」

⑴誰玩了遊戲？

⑵誰贏了？

⑶誰理解這一遊戲的目的？

3. 提問：「當你用『我』和『我們』回答問題的時候，對你有什麼不同的效果？」在寫字板上記錄下學員的回答。

第三步：年度報告（30 分鐘）

1.「休息的時候我選了兩個人，他們模仿著向你們宣讀其年度報告，你是他們公司的僱員。讓我們聽聽第一位首席執行官的報告。」第一個版本使用代詞「我」。

2.「下面，請通過回答列在寫字板上的那些問題，把你們對第一份年度報告的反應記錄下來。」

⑴你對這份年度報告的一般反應是什麼？

⑵分 1～5 個等級。你在多大程度上想在這個組織中工作？

⑶分 1～5 個等級，你有多大的動力願意追隨這個領導？

3.「讓我們聽聽第二位首席執行官的報告。」第二個版本用代詞我們。宣讀報告的時候你要站在旁邊。

4.「通過回答列在寫字板上的同樣問題，把你們對第二份年度報告的反應記錄下來。」

5.比較學員對兩份年度報告的反應。

第四步：應用於領導（10 分鐘）

列舉學員有機會用「我們」寫報告的場合。例如：

⑴在職員會議上討論問題。

⑵年度報告。

⑶表彰活動和慶賀儀式。

⑷向上司或管理者報告情況。

⑸與顧客討論問題。

⑹解釋一個即將發生的變化。

⑺與其他部門領導討論問題。

要求每個人寫一份有關工作中發生的真實事件的簡短報告，只

能用代詞我們。

第五步：總結（2分鐘）

總結本次活動。轉換到另一個活動。

 ## 領導力評估

在每題後的括弧填 1 或 2 或 3，給你的領導能力打分數。

1＝從不，2＝有時，3＝經常

1. 我的單位中有強大而充足的動能，並因此取得了可觀的成就。（　）

2. 我能夠自己發動自己，自己給自己提供動能。（　）

3. 在必要的情形下，我能打破常規。（　）

4. 我總是能把組織推向新的水準。（　）

5. 我週圍的核心領導者們對於我們的主要目標有一種緊迫感。（　）

6. 我們的動能是人們為團隊的夢想共同努力的結果。（　）

7. 我知道怎樣製造「動能」，也知道如何讓它持續運行。
（　）

8. 我一貫從變化中求革新，從細微處求進步。（　）

9. 我們勇於直面組織中存在的問題。（　）

10. 保證至少取得最低限度的成果是我的職責。（　）

11. 我對自己的領導水準有信心。（　）

12. 我們已經制定了加強持續動能的戰略計劃。（　　）

13. 我個人的領導風格是雷厲風行。（　　）

14. 我能吸引到那些能帶來動能的人。（　　）

15. 擔任單位的領導職務的時候，我認為自己的最根本的職責就是創造和維持動能。（　　）

16. 如果單位中的動能不足，我將著眼於重新點燃動能，而不是分析故障。（　　）

17. 為了創建動能，我非常願意做出強硬的決定。（　　）

18. 為了創造出富於效率的動能，我願意對那些棘手的事項公開表態。（　　）

19. 為了營造一個積極的、富一事無成效率的團隊合作氣氛，我願意放權給下屬。（　　）

20. 我的性格有助於創造和維持一個積極進取和樂融融的工作環境。（　　）

得分：

50～60分，這是你的強處。作為領導者，你要繼續成長，但是也需要花點時間幫助別人朝這方面發展。

40～49分，這些不會妨礙你當一個領導者，但是也不會幫助你。要加強你的領導能力，在這方面多下功夫。

20～39分，這是你領導能力的弱點。除非在這方面長足進步，否則你的領導效率將會受到很大的負面影響。

23
領導者的進修學習能力

 遊戲介紹：

· 為學到的每一點技能創造一個符號，使大家瞭解為什麼各項技能緊密聯繫在一起

· 展示儀式和記憶如何能強化所學知識，使學習成為一個持續的過程

· 在研討會上應用所學知識

ⓘ 遊戲人數：不要超過 20 人

✈ 遊戲時間：30 分鐘

◎ 遊戲方法：使用視覺圖像法、舉行儀式

€ 遊戲材料：

1. 一個代表領導力課程的視覺圖像。

2. 以公司標誌或總部辦公樓做背景，前方寫上代表本課程活動

的詞語。

3. 背景為領導者的照片（有男有女），橫向列印本活動的題目，把選用的視覺圖像裝在紙板上，然後剪成較大的一張「拼圖」塊。

教室佈置：

靈活掌握，只要拼圖框能始終固定在一個位置即可。

遊戲步驟：

拼圖的每一塊代表一項活動或一天，如果你的培訓課程分為幾個活動或延續好幾天，進行這一活動效果很好。

1. 在培訓課程開始時介紹這一拼圖。先展示整個圖像，然後將分解的小塊裝入袋中。圖框始終保留在原處，以便每加上一塊大家都能看見。

2. 每項活動或每天結束時，向拼圖框加進一個拼塊。選擇下列做法之一：

· 請一位志願者挑選準備加進的拼塊，並請他解釋為什麼選那一塊；

· 培訓師自己挑出代表剛剛結束的活動的那張拼塊。

3. 培訓課程結束時，給每個學員發一個縮小的拼圖複印件（或帶有拼圖的紀念片），以幫助他們記住所學知識。

領導能力評估

在每題後的括弧填 1 或 2 或 3，給你的領導能力打分數。

1=從不，2=有時，3=經常

1. 我相信自己作為一個領導者的本能。（　　）

2. 在特定情況下我關於該做什麼的第一反應通常是對的。（　　）

3. 我能在某個問題——困難或者機遇變成事實之前感覺到它。（　　）

4. 我週圍的核心人物信任我的直覺，願意跟隨我作領導的直覺。（　　）

5. 我的情感並不代表我的直覺。（　　）

6. 我對人類本性瞭解得越多，我的直覺變得越好。（　　）

7. 我很少做領導力的事後諸葛亮。（　　）

8. 我的直覺與其說是一個神秘過程，不如說是一種有意識的努力。（　　）

9. 我的領導直覺包括一些和第一反應是準確的。（　　）

10. 我依據直覺做的決定是好的決定。（　　）

11. 我對一個人的最初直覺和第一反應是準確的。（　　）

12. 我能以邏輯推理為我依據直覺做出的決定辯護。（　　）

13. 我能準確地感覺和評估一群人的情緒和整體士氣。（　　）

14. 我能準確地感覺和評估一個人的情緒和士氣。（　　）

15. 我能說服別人相信我的領導直覺。(　　)

16. 一個新的想法被提出來，我通常馬上就能知道它是否是一個好點子。(　　)

17. 我的領導直覺在提高。(　　)

18. 如果我的直覺導致我按照和現狀不一樣的方式領導，我仍然能說服人們跟隨我的「非常規」方向。(　　)

19. 對於長期的計劃，我的直覺也給我很大幫助。(　　)

20. 我是我的組織裏第一個意識到需要做出何種變革的人。(　　)

得分：

50～60分，這是你的專長。作為領導者，你要繼續成長，但是也需要花點時間幫助別人朝這方面發展。

40～49分，這些不會妨礙你當一個領導者，但是也不會幫助你。要加強你的領導能力，在這方面多下功夫。

20～39分，這是你領導能力的弱點。除非在這方面長足進步，否則你的領導效率將會受到很大的負面影響。

24
想像力的力量

 ## 遊戲介紹：

此活動由兩項有效的想像練習組成。它可以隨時進行，以鼓舞參與人員保持積極的自我評價，並激勵員工朝著他們自己的目標而奮發努力。

 ## 遊戲時間：

這項活動只需花幾分鐘時間。首先在小組內，指導員工共同進行想像練習。一旦員工掌握了練習技巧，他們就可以在任何合適的時間進行練習。

 ## 遊戲材料：練習材料的複印件，參與者人手一份。

遊戲步驟：

告訴員工：想像是一個強有力的工具，可以幫助他們實現每次努力想要達到的目標。所有成功的事情都源自超凡的想像力！以下

列一項或兩項方法作為想像練習的指導。

指導員工時要語速緩慢、鎮定自若、發音清晰地將意念傳達給員工，並且要有邏輯地進行停頓，從而使員工的精力集中於想像上。然後讓他們靜坐一分鐘或更長時間。

練習結束後，把練習材料發給每位員工，使他們可以在任何喜歡的時候重覆練習。

講義：想像力的力量

想像一：

坐姿端正，緊閉雙眼。把自己想像成一個使人類生活日新月異的專家，此時正在進行一項重要工作；想像自己信心滿懷、風度翩翩地走進辦公室；想像自己的穿著跟你想讓別人看到的一模一樣，裝扮得體，面帶微笑，精力充沛；想像你正與同事積極地交流、滿腔熱情地工作。

想像二：

閉上雙眼，想像自己向往的幾個目標——可以是物質上的，如一輛新車或一次度假；也可以是升職或工作上的其他成就。想像一下你的高興勁兒，就像你真把它們實現了一樣。

25
回憶你的領導經驗

遊戲介紹：

復習所學知識回顧所學知識，確認重要收穫或觀察

遊戲人數：不超過 20

遊戲時間：

　　5 分鐘介紹活動，每個步驟用時 10 分鐘，最後給每人 3 分鐘時間發言

遊戲方法：

· 應用
· 回顧
· 寫日記
· 使用比喻
· 巡迴討論

遊戲材料：

· 講義：旅行日記站描述
· 紙牌做的站名
· 每人一個日誌本或日記本

遊戲用品：

第一站，出發點：望遠鏡、研討會日程安排、機票、地圖

第二站，旅伴：同學照片

第三站，叢林：裝有大鑰匙的盒子、猴子、棕櫚樹、蛇或老虎

第四站，變化之海：小型船模或玩具船

第五站，危險之河：用藍膠帶模擬一條河、一碗水中有一條小船、一條兇險的河

第六站，導航：培訓師照片

第七站，政治之城：知名政治家或議員登在報紙上的照片

第八站，網路之村：人面拼貼畫或洋娃娃，代表處於網路之中的人

第九站，頂點：寫著「勝利」或課程結束日期的小紅旗

為教室配備錄放影機或 CD 播放機，並播放輕音樂。

教室佈置：

9 張小桌子，每張桌子配一把椅子。桌子分佈在教室各處。如果是總結，還要準備圍成一圈的椅子。

如果人數超過 9 人，每張桌子旁要加椅子。

遊戲步驟：

第一步：開場白：「這一活動將提醒我們到過那裏和希望去那裏。大家需要積極寫日記。旅程很辛苦。我們剛剛通過變化之海，前方還有許多驚人之事。」

解釋規則：「你們將在 9 個站點之間旅行，每站停留約 6 分鐘。在每站應完成的任務寫在存放在各站的講義上。」

完成任務後，等待前進的信號。向下一站前進時，別忘了帶上你的筆記。

第二步：告訴學員怎樣在各站之間輪換。

讓學員抽籤決定先訪問那一站。大家應分別從不同的站點出發。

播放背景輕音樂。

每過 6 分鐘，喊「時間到」。請大家帶著自己的日記前進到下一站。

第三步：所有人都訪問完 9 個站點之後，請大家坐在圍成一圈的椅子上，開始討論。請每個人講述從活動中得到的見識和重要理

念。

第四步：可以增設站點，使學員不僅簡單地走動和書寫。如增設一個藝術項目站點，或挑選一段用以慶祝取得的成就或達到一個目標的音樂。

講義：旅行日記站點描述

旅行日記：

領導力旅程第一天從_____站開始。在這裏我學到了⋯⋯

旅行日記：

我從旅伴那裏學到了⋯⋯

旅行日記：

在叢林中，我展示了真實的領導力技能，方法是⋯⋯

旅行日記：

我成功地通過了變化之海，方法是⋯⋯

旅行日記：

在橫渡危險之河時，我⋯⋯

旅行日記：

在導航站，我遇到了培訓師。我拿走了⋯⋯

旅行日記：

在政治之城，我經歷了⋯⋯

旅行日記：

在網路之村，我和許多其他領導人打了招呼。我們分享了⋯⋯

旅行日記：

到達頂點時，我明白必須把以下領導技能傳授給其他人：

_____

_____

 # 領導力評估

在每題後的括弧填 1 或 2 或 3，給你的領導能力打分數。

1＝從不，2＝有時，3＝經常

1. 我吸引的人是友善的並且具有獻身的精神。（　　）

2. 談到我吸引的那些人，我的強處對組織的成長是一筆財富。（　　）

3. 我把人們吸引到我的組織中來。（　　）

4. 我吸引的人幫助我的組織成長。（　　）

5. 我總體的傾向是積極的態度。（　　）

6. 我吸引的人正是我希望吸引的類型。（　　）

7. 我正在吸引的人是熟練、有能力的。（　　）

8. 我作為一個領導者不斷改變和成長，以吸引到更好的人。（　　）

9. 一旦認識到問題，我試圖儘快地尋找機遇和解決方案。（　　）

10. 作為一個領導者我個人是自信的。（　　）

11. 我精力充沛。（　　）

12. 我有幽默感。（　　）

13. 我知道該做什麼和什麼時候去做。（　　）

14. 我對週圍的核心領導的水準感到欣慰，經常想：「我不能找到更好的隊伍了。」（　　）

15. 我樂意為他人服務，我有意識地為他人的個人成長付出努力。（　　）

16. 我欣賞自己和自己所吸引的人。（　　）

17. 我認為自己會成為一個更好的領導。（　　）

18. 其他領導看來在向我靠攏。（　　）

19. 我不斷吸引人進入機構，這讓從前有影響力的人也受到鼓勵。（　　）

20. 靠攏到我身邊的人一起行動。（　　）

得分：

50～60 分，這是你的強點。作為領導者，你要繼續成長，但是也需要花點時間幫助別人朝這方面發展。

40～49 分，這些不會妨礙你當一個領導者，但是也不會幫助你。要加強你的領導能力，在這方面多下功夫。

20～39 分，這是你領導能力的弱點。除非在這方面長足進步，否則你的領導效率將會受到很大的負面影響。

講義：有助於成功的指導提示

· 我們將公開我們的想法和知識；

· 我們準時參加所有聚會；

· 我們將花時間為聚會做準備；

· 我們將自由分享各自的主意、資源和材料；

· 我們將互相幫助解決問題；

· 避免非組員參加，除非需要他們發表意見；

· 每季度對小組活動做一次評議。回顧討論的問題和取得的成績。回顧小組的目的和規章，如有需要，可對目的和規章進行修改；

· 有的組員可能因職業目標變化或其他原因退出小組。其他成員應予以理解，不能對此產生情緒。這一點很重要。在該組員參加的最後一次會議上，一定要肯定他曾經做出的貢獻；

· 可以考慮增補成員。這對新老成員來說都有一定難度，因為老成員已經共用了一段歷史。但這一變化是可行的。審議成為組員的標準，討論符合標準的人選。派一個人向新成員介紹小組背景，包括成員和規章，以便新成員能很快融合進來。

領導者是不是好聽

「好的！這就是我獲得的資訊」,「我認為你說過這些」或「我的意思是這樣的」。

人們在工作場所每天都會聽到這樣的話。這包含了很多的溝通成分，但是有效嗎？

傾聽時「要」：

- 表現出同情
- 當感動時，要保持安靜
- 在接電話時要避免分心
- 留出討論的時間
- 要注意到非語言的線索
- 當你不明白別人所講的話時，要重申你認為你聽到的內容有疑問
- 當你認為你錯過了什麼內容時，直接提問，以獲得必要的資訊

傾聽時「不要」：

- 爭論
- 打斷別人
- 過快地做出判斷
- 匆匆下結論
- 讓另一個人表達他的情感

閱讀下列問題，在題後的括弧內回答「經常」、「有時候」

或「很少」。對經常發生的情況就填寫「U」，對有時候發生的情況就填寫「S」，對很少發生的情況就填寫「R」。

參加一次會議時，我：

1. 身體上做好準備，面向演講者，以確保我能聽見。（　　）

2. 聽演講時，注視著演講者。（　　）

3. 從演講者的外貌和演講風格做出判斷，確定他所講的話是否值得一聽。（　　）

4. 主要聽他的觀點及其根本的感想。（　　）

5. 確定我自己的偏好，如果有的話，就要儘量考慮到這一點。（　　）

6. 集中注意力傾聽演講者的演講。（　　）

7. 如果我聽到一個我認為是錯誤的觀點，我會立即打斷他的講話。（　　）

8. 確保我已經理解了另一個人的觀點。（　　）

9. 儘量最後發言。（　　）

10. 自覺地分析我所聽到的資訊的邏輯性和可信性。（　　）

得分：

填寫完答案後，計算得分。

問題 1，2，4，5，6，8 和 10——填寫「U」（經常）計 10 分

問題 3，7 和 9——填寫「U」（經常）　　計 0 分

填寫「S」（有時候）　計 5 分

填寫「R」（很少）　　計 10 分

計算總得分。

評估：

根據得分，按照下列標準評估自己，並寫在評估記錄表中。

70 分以下：你有一些不好的傾聽習慣。

70～85 分：你的傾聽習慣比較好，但是仍可改進。

90 或 90 分以上：恭喜你！你是一名優秀的聽眾。

26

有趣的分享領導力經驗

✈ 遊戲介紹：

明確學員在個人和事業戰略發展計劃中以後要走的路，鼓勵在「動腦筋」環境中進行自問自評

ⓘ 遊戲人數：不超過 20

✈ 遊戲時間：2 小時或更長

遊戲方法：

- ‧ 反思
- ‧ 寫日誌
- ‧ 錄影演示
- ‧ 角色扮演
- ‧ 分類卡活動
- ‧ 想像
- ‧ 輪流發言
- ‧ 手工

遊戲材料：車站標牌

遊戲用品：

- ‧ 一堆舊雜誌
- ‧ 粘貼板
- ‧ 粘貼棒
- ‧ 剪刀
- ‧ 空白五線譜
- ‧ CD 唱片
- ‧ 剪貼板（每人一個）
- ‧ 白紙

· 鉛筆、鋼筆
· 彩色標記
· 計時器
· 投影螢幕
· CD 播放器

🪙 教室佈置：

將培訓地點劃分 9 個區域，如走廊、隱避處。你需要把學員分散開，以便他們在各車站開展活動時有隱秘感。

可以考慮讓學員輪流完成所有 9 個車站的活動。請一個助手幫助計時，使學員在每站逗留的時間大致相等（每站 10 分鐘）。如果有較多的培訓師，最好在有些站點增設指導員。最後留一些時間集中討論。

本次活動要求大家分散開，所以要保證每個站點至少有一個學員。如果全班人數超過 9 人，可以在某些站點安排 2 人。讀了各站描述之後，你就知道那些站點可以安排 2 人。

用本活動結束整個領導力培訓課程也很有效。

 ## 遊戲步驟：

第一步：如果制定個人或戰略發展計劃，我們就知道下面還有那些路要走，這對大家非常重要。

對大家說，今天活動的目的是要回顧已經學到的內容，明確將

來還需要在那些領域進一步發展。他們肯定會喜歡這一旅程,在瞭解自己的過程中,一定會歡笑和互相慶祝。

第二步:講解活動要求:

你們將訪問 9 個車站,在每個車站停留 10 分鐘(剪貼板車站需要 20 分鐘)。每站都存放著相應指令,或助手將給你發放指令。

當所有人都訪問了 9 個車站並完成相應任務後,我們希望每人講述一兩個收穫,供其他人分享。祝旅途愉快。

記錄時間,並標出何時轉移到新的車站。

第三步:訪問結束後,給大家幾分鐘時間整理筆記,然後分別向全班彙報。

請學員對這一活動進行回饋:活動的多樣性如何加深學習經驗?那些活動最好?鼓勵大家討論從活動中得到的啟示。

第四步:祝賀大家在通往最佳領導者的道路上所付出的努力。點評學員在領導力培訓課程中的表現和所取得的成績。

領導力車站的描述

第一站:寫慶祝歌詞

當你完成今後 3～6 個月的發展計劃後,你應該慶祝一下。你準備什麼時候慶祝?如何慶祝?

選擇一個你熟悉的曲子,填寫新歌詞,來表示因取得成績而如何獎勵自己。

第二站：管理程序

你已經掌握了那些管理程序？準備將那些程序納入你的學習計劃？把這些寫下來。

你決定從那一天開始學習這些程序？把時間加入上面的計劃。

誰能幫助你學習這些程序？寫上那些幫助者的名字。

第三站：扮演著名角色（指導者或導師）

想像你是小說、電影或電視劇中的一個著名角色，這個角色能成為你喜歡的指導者或導師。

從他們的角度看，你尋找的下一個指導者或導師應該具有什麼樣的素質或特點。

描述該角色有那些氣質或特點，要富有創造性！

練習並準備為大家表演該角色。

第四站：核心能力（使用活動 19 中的能力卡）

復習卡片，把它們分成 3 類：

第一類：你已經掌握的、並用以推銷自己的核心能力。

第二類：最需要開發的核心能力。

第三類：已經具有但還沒有完全掌握的核心能力。

標出你準備在今後一年內最優先開發或提高的 3 種能力。

第五站：粘貼戰略目標

在雜誌裏尋找並剪下圖片，代表需要 3～5 年完成的戰略目標。要把戰略目標寫入領導者提升計劃。

第六站：個人前途、任務和價值的比喻

用比喻來表示你的前途、任務和價值。（例如：「我是一隻鷹，飛得很高，孤獨而不膽怯。我有很強的本領，我……」或者「我看見一個網路，一個聯繫的網路。我是網路中的一部份。我是網路源泉之一，同時得到網路中其他因素的支援。我連著……」）

第七站：推銷你的領導力

你準備立即採取那些具體措施提高你的被注意程度？你一年以後的戰略或長期步驟是什麼？把這些寫下來。

第八站：詩歌：如何定位我的獨特性？

寫一首詩或一篇散文，表達你的獨特性。例如，「A 代表行動，B 代表大腦，C 代表勇氣，D 代表決心」或「我喜歡紅色。我往往只說出必須要說的話……」

第九站：想像一個「電影片斷」

你事業成功的重要標誌是什麼？想像一個電影片斷，你是其中的完成事業目標的主角。如果身旁有培訓師，可以請他或她按照你的創造性台詞寫出你的重要標誌，或自己一邊思考，一邊快速記錄。

領導力評估

在每題後的括弧填 1 或 2 或 3，給你的領導能力打分。

1＝從不，2＝有時，3＝經常

1. 從我遇到某個陌生人的那一刻起，交談就很順暢、平和。（　）

2. 在談話的時候，我的自然本能和意識過程都集中於他人而不是我自己。（　）

3. 和別人（即使是剛剛結識的人）談話的時候，我有自信。（　）

4. 和我認為有勢力、影響力的人談話時，我感到自信而且對自己所說的話有信心。（　）

5. 我記得在和人們交談的時候提到他們的名字。（　）

6. 和別人——個人或者是群體——交流的時候，我總是公開、誠實和透明的。（　）

7. 人們說，和我交談很輕鬆。（　）

8. 我和人們的聯繫更多的是在心靈交流上，而不僅僅是思維的交流。（　）

9. 和一個人公開交流，和一大群人公開交流，這二者差不多容易。（　）

10. 和聽眾交談的時候，我集中地關注每個個體而不是整體的群眾。（　）

11. 我意識到我什麼時候是在和人們溝通，什麼時候不是。
（　　）

12. 我經歷了人與人之間真誠、熱情的溝通。（　　）

13. 我把與觀眾的交流看作和資訊內容一樣重要。（　　）

14. 對聽眾發表演講的時候，我意識到週圍氣氛的重要性。
（　　）

15. 在私人和公眾交流中做到真誠、敏感對我而言是容易而且自然的。（　　）

16. 在我不很瞭解的中間，我能保持本色。（　　）

17. 人們看上去願意對我公開並和分享一些對他們而言重要、有深度的東西。（　　）

18. 我信任他人。（　　）

19. 我和我交談的對象保持目光的接觸。（　　）

20. 對我而言，體會到他們的感覺是容易。（　　）

得分：

50～60 分，這是你的強處。作為領導者，你要繼續成長，但是也需要花點時間幫助別人朝這方面發展。

40～49 分，這些不會妨礙你當一個領導者，但是也不會幫助你。要加強你的領導能力，在這方面多下功夫。

20～39 分，這是你領導能力的弱點。除非在這方面長足進步，否則你的領導效率將會受到很大的負面影響。

27

領導者的力量有多大

 ## 遊戲介紹：

· 開發確認和使用不同力量的能力
· 強化關於力量的既有知識
· 瞭解其他人怎樣看待力量

 ## 遊戲人數：20 人比較合適，少一點也沒關係

遊戲時間：45 分鐘到 1 小時

遊戲方法：使用角色扮演法，討論法

遊戲材料：

· 講義 1：領導力量類型
· 每組一套 7 張卡片（每張卡片上印著一種力量。字體大，能在 15 英尺以外看清）（講義 2：力量卡）

遊戲用品：

· 活動書寫紙
· 標記
· 每組一個鈴鐺
· 一套法官袍和假髮（「法官」也可以穿黑衣服）
· 小獎品

遊戲步驟：

在這活動中，我們將模擬一個法庭，讓學員練習使用 7 種不同的力量。你需要一個幫手當法官。請他穿黑色衣服或法官袍。最好找一個法官用的假髮，以增加效果。

每個情景不止一個答案。困難可以用多種方式「解決」。有時需要使用一種以上力量。

（遊戲結束前，千萬不要把本部份內容告訴學員！）

在學員辨別出各種情景中使用的力量類型後，每個小組要寫明自己的情景，並讓其他小組辨認情景中使用的力量類型。

第一步：由以下問題開始：「在經營管理中，力量的定義是什麼？」鼓勵發言，將答案寫在書寫紙上。

接著解釋：「有時候交流變得很困難，尤其是在解決問題的過程中，因為你要試圖瞭解另一個人的力量基礎。清楚所展現出的力量背後的基礎對你總有很大幫助。」（20 分鐘）

第二步：討論 7 種力量（講義 1）

7 類主要力量是：

1.「強迫」力
2.「聯繫」力
3.「專家」力
4.「信息」力
5.「合法」力
6.「對象」力
7.「獎勵」力

第三步：對大家說，現在看看各種力量是如何使用的。開始「你就是法官」遊戲

1. 分 3 人一組，每組發一套力量卡。請每組用著名領導人的名字為小組取一個名字。法官將用該名字稱呼各小組。

2. 解釋遊戲規則：

你們將得到一張情景描述，在每個場景，有人使用了一種類型的力量。

讀完情景描述後，各小組輕聲討論。不要讓其他小組聽見。判斷該情景中使用了那一種力量。要保證你們能為自己的選擇辯護。請準備好相應的「力量卡」，在合適時機向法官展示。

一旦做出決定，請搖鈴。在每一輪，我們將記下最先搖鈴的小組，但法官講話前要等所有的小組都做出了選擇。每張力量卡只能使用一次。即，一張卡使用完畢之後，要把它放在一邊，或交給培訓師。每輪勝者將得到一定分數，最後勝出的小組將得到獎品。

3. 鈴聲響後，培訓師書寫紙上記下第一、第二和第三搖鈴的小

組。

4. 每組選一個發言人，為其選擇進行辯護。

5. 法官將按搖鈴順序傳喚各小組為其選擇進行辯護。也可以輪流辯護。

法官可以提一個問題，要求澄清觀點。

6. 法官聽完所有辯護後做出裁定。法官的裁定是終局的。

7. 得分記在書寫紙上。

8. 法官宣佈獲勝者，解釋每個情景的正確答案。表揚第二和第三名。

9. 頒獎。

第四步：請自願者回答：「你從該遊戲中學到了什麼？如何將學到的東西應用到工作中？」

結束力量活動內容或繼續下一個活動。

講義 1：領導者力量的類型

力量類型

a. _____ 強迫力：以恐懼為基礎

b. _____ 聯繫力：以與重要人物的聯繫為基礎

c. _____ 專家力：以領導者的技能和知識為基礎

d. _____ 信息力：以獲取的資訊為基礎

e. _____ 合法力：以職位為基礎

f. _____ 對象力：以個人特性為基礎

g. _____ 獎勵力：以獎勵、工資、升職或承認為基礎

講義 2：力量卡

「強迫」力

「聯繫」力

「專家」力

「信息」力

「合法」力

「對象」力

「獎勵」力

 # 你是優秀的團隊領導者嗎？

一個真正的團隊是一種有生命的；不斷變化的、動態的力量，它可以使人們團結一致，並為了共同的目標而一起工作。

當你與團隊合作時，無論你作為一個團隊的領導還是作為幾個部門的經理，你都必須做到：

· 記住每個成員能為你的團隊貢獻什麼。

· 確定一個能讓你的團隊集中力量的目標。

· 利用友誼的巨大力量來加強一個團隊。

· 擇優選舉領導人。

· 一定獎勵功績，但是千萬不要忽視過失。

· 一定程度的獨立對於成功的團隊合作是很重要的。

- 團隊要依靠相互信任才能繁榮，因此在初期就要在團隊的生活裏建立起相互信任。
- 授權、行為與溝通的公開化、自由交換意見能促進團隊之間的相互信任。
- 對新穎的、有創造性的想法應做出積極的反應。
- 鼓勵同事之間的自由溝通。
- 確保所有的相關人員都知道並清楚地理解好消息。
- 任何團隊關係出現了問題，都要立即處理它。

你作為一位團隊領導者或團隊成員，這裏將測試你的工作方法和你管理別人的能力。

仔細閱讀下列問題，在題後的括弧內填寫你選擇項的數字：

① 從來不——計 1 分；

② 偶爾——計 2 分；

③ 經常——計 3 分；

④ 一直——計 4 分。

1. 我鼓勵團隊成員誠實地拓展他們的工作範圍。（ ）
2. 我會建立團隊精神和非正式地交換意見。（ ）
3. 我努力向我的團隊成員表明我絕對信任他們。（ ）
4. 我會改變我的領導方式，以適應變化的形勢。（ ）
5. 我會清楚地解釋，為什麼我必須拒絕一個團隊成員解決問題的方法。（ ）
6. 我允許團隊成員參與決策。（ ）

7. 我會對發生在我的團隊裏的問題的潛在原因保持警醒。（　　）

8. 我把解決問題當作是持久進步的機會。（　　）

9. 我會儘量減少團隊中不必要的彙報層級。（　　）

10. 我會經常檢查團隊精神和個人的道德水準。（　　）

11. 我會事先計劃好團隊會議和行動計劃。（　　）

12. 只要資訊不是保密的，我就把我得到的所有資訊都傳遞給我的團隊。（　　）

得分：

填寫完答案後，計算總得分。

評估：

根據得分，按照下列標準評估自己，並寫在評估記錄表中。

42～48分：優秀！你處於卓越的範圍中，但是不要因此而滿足。

31～41分：你的一些領導才能是很好的，但是還有很多的方面需要提高。

12～30分：你需要跟上變革的步伐，以更新和改變你的管理方式。

28
了解你的影響力

遊戲介紹：

領導者想要擁有力量，就要找出對自己積極的和消極的看法，及其對他人的影響；認識到個人力量來自內部，找出加強個人力量的方式

遊戲人數：不超過 20

遊戲時間：1 小時

遊戲方法：

· 自我評估
· 討論
· 二人討論
· 集體討論
· 想像

遊戲材料：

· 講義 1：探索我的個人力量

遊戲用品：

· 一些代表力量的、著名人士的招貼畫或照片
· 活動書寫紙與書寫夾
· 彩色標記

教室佈置： 椅子，足夠兩人小組和大組討論的空間

遊戲步驟：

第一步：在書寫紙上寫下「力量」二字。問：「在企業管理中，個人力量的定義是什麼？」鼓勵大家說出定義，把它們寫在紙上。可能的答案有：

「力量是制定和執行決策的能力。」

「力量是通過得到和使用資源，從而滿足一種需求的能力。」

第二步：問：「你對力量有什麼看法？」在書寫紙上寫：「力量意味著……」。

鼓勵發言，在書寫紙上寫下關鍵字。

第三步：分發「探索我的個人力量」，請大家用 10 分鐘完成。

提醒大家回答問題要儘量誠實和公開。同時，盡可能舉出企業管理例子。

第四步：分成 2 人一組，請他們對各自的答案交換意見。

第五步：選擇幾個答案向全班彙報。

第六步：請大家看牆上的著名領導人的招貼畫或照片，然後站在一個強大的領導者照片旁邊。

請他們說出為什麼他們認為那些人很強大。在書寫紙上寫下主要回答。

第七步：說：「說出一些沒有力量的人的名字，並說明為什麼。」在書寫紙上寫下重要答案。

請一個自願者模仿一個毫無力量的人站著。站好後，請他或她保持姿勢，叫其他人發表評論。

然後，請另一個自願者模仿一個力量強大的人站著。要他保持姿勢，請其他人評論。可能的評論包括：站姿顯示出自信。身體佔較多「空間」。雙腿站得很踏實。控制了面部表情。機警但不十分情緒化。

請小組討論：「你希望做那一種人，為什麼？」

第八步：問：「知道你們的力量依靠什麼嗎？」鼓勵發言，直到有人提到自我概念。

分發講義 1。請每人按以下 4 類分別寫下 1～3 個他們認為跟自己的個人力量有關的因素：

1. 智力

2. 身體

3. 情感

4. 精神

寫好後，請大家評價每個因素：

「是不是積極的？如果是，在邊上畫一個太陽。」或者，

「是不是消極的？如果是，請在邊上畫一片烏雲。」

請 2 人小組討論：

1. 你對自己的看法大多數積極，還是大多數消極？

2. 積極的看法如何影響你使用個人力量？

3. 消極的看法如何影響你使用個人力量？

在大組中，抽幾個人回答上述問題。

第九步：大家分成兩組，分別站在牆上掛著的兩張書寫紙旁邊。每組指定一人當記錄員。

指定一組為放棄力量的人，另一組為合適使用力量的人。請兩組用 20 分鐘時間集體討論，分別找出放棄力量和合適使用力量的方式。

請放棄力量的小組交換意見。可能的方式包括：

· 對自身打折扣

· 不承擔責任

· 個人長相

· 站立姿勢

· 語氣平淡

· 說話不自信

· 使用「我不能」、「我應該」

· 限制選擇

· 不問

· 遲疑

· 計劃不仔細

· 失信

· 有類似捂嘴的手勢

· 當眾哭

· 叫喊或有其他粗魯行為

請找合適使用力量方式的小組交換意見。可能的答案包括：

· 相信自己

· 說出想得到的

· 用知識支援所說的話

· 前後一致

· 說到做到

· 接受責任

· 接受錯誤

· 對各種選擇和其他想法敞開胸懷

· 冒險

· 善待自己

· 不回避衝突

· 做計劃

· 行動前制定戰略

· 相信直覺

第十步：請大家想出 3 種更多地利用個人力量的方式，寫在「探索我的個人力量」材料底部的空白處。

第十一步：寫好後，帶領大家進行想像。過程要慢，以便大家

有時間想像自己。

「找一個舒適的位置站著，閉上眼睛。想像你在一個舞台上，下面坐滿了觀眾。你是一個力量強大的人，所以，請在心裏默默說3遍:「我是一個力量強大的人。」

「你的衣著怎樣？你的站姿怎樣？」

「想像你在發表演說，題目非常熟悉，你在這方面有豐富的知識。」

「觀眾的反應怎樣？」

「你現在的感覺怎樣？」

「慢慢睜開眼睛，環顧房間裏力量強大的其他人。」

請所有人站起來，共同享受一個「長時間起立鼓掌」。

講義 1：探索我的個人力量

我感受到我的力量的時候是＿＿＿＿＿＿＿＿＿＿＿＿＿＿

我的表現方式是：

我感到一點力量都沒有的時候是＿＿＿＿＿＿＿＿＿＿＿

我的反應方式是：

我放棄力量的時候是＿＿＿＿＿＿＿＿＿＿＿＿＿＿＿

我的感覺是：

我合適使用力量的時候是＿＿＿＿＿＿＿＿＿＿＿＿＿

結果是：

我濫用力量的時候是＿＿＿＿＿＿＿＿＿＿＿＿＿＿＿＿＿
其他人的反應是：

我的力量的部份來源是：

領導力評估

在每題後的括弧填 1 或 2 或 3，給你的領導能力打分數。

1＝從不，2＝有時，3＝經常

1. 我能說明我的核心圈。（　　）

2. 我的核心圈首先能讓我的人生更有建設性。（　　）

3. 我勤勉、持續地對我的核心圈進行盡可能多的投資。
（　　）

4. 我的核心圈包括各個層次的領導者。（　　）

5. 我有意識地設法幫助核心圈裏的朋友、同事和助手，幫
助他們個人得到成長並且最大程度地發揮潛能。（　　）

6. 我的核心圈包括企業內和企業外的人。（　　）

7. 我允許我的核心圈至少一個人向我提出關於我個人的
方向、動機和關係方面的尖銳問題。（　　）

8. 我的核心圈有凝聚力，能有效地發揮作用。（　）

9. 我的核心圈裏不同的人都有著需要實施的想法。（　）

10. 我至少參加一個由領導者、同事和顧問組成的其他核心圈。（　）

11. 我核心圈裏的人是聰明、有創造性和有主動精神的人。（　）

12. 我為我的核心圈付出足夠的時間，不會後悔承諾付出的時間。（　）

13. 我百分之百地信任我核心圈裏的人。（　）

14. 我核心圈裏的成員誠實勤奮，我和我週圍的受益匪淺。（　）

15. 我核心圈裏更傾向於任務導向，而不是社會性或政治性。（　）

16. 對我的核心圈的成就做出回報，我感到很高興。（　）

17. 我的核心圈子會保護我、支援我，但前提是不違背首先準則。（　）

18. 我鼓勵我核心圈裏的人尋找能造福自身的目標。（　）

19. 組織裏其他領導者會把我的核心圈看作是一個精英俱樂部。（　）

20. 我的核心圈為其成員服務。（　）

得分：

50～60 分，這是你的強處。作為領導者，你要繼續成長，但是也需要花點時間幫助別人朝這方面發展。

40～49 分，這些不會妨礙你當一個領導者，但是也不會幫助你。要加強你的領導能力，在這方面多下功夫。

20～39 分，這是你領導能力的弱點。除非在這方面長足進步，否則你的領導效率將會受到很大的負面影響。

29
肯定的力量

✈ 遊戲介紹：

「肯定句」通常能幫助個人拓展領導潛力，因為能提醒我們需要增強那些力量。

創造性探索對肯定句的使用。

ⓘ 遊戲人數：人數不限

✈ 遊戲時間： 30 分鐘

🖊 遊戲方法：回顧法和輪流發言法

🎯 遊戲材料：

找出兩句關於力量的說法，寫在紙條上，複印給大家

💷 遊戲用品：

· 活動書寫紙
· 標記

 ## 遊戲步驟：

第一步：問有沒有人用過肯定卡。介紹與力量有關的肯定概念。告訴他們：

「這是一套 64 張奇妙的卡片，她說這些卡片可以幫助人們發現內部力量。我從中挑選了幾張，用以幫助你們表達自己。我們一起來看一張。」

發第一張雙面印刷的卡片，上面寫著：

顯示力量的時間永遠是當前時刻。

請大家把卡片翻過來，讀背面的文字：

過去的事情永遠過去了，對我毫無力量。此刻，我可以自由自在。今天的想法將塑造我的未來。我是自己的主宰。我現在拿回自己的力量。我安全又自由。

問：「這些肯定語句對你有什麼意義？讀了這一肯定之後，你會

採取什麼行動？想一想這條肯定在那些經營管理環境有用處。」鼓勵發言。

第二步：舉起所有的卡片，宣佈使用規則：

「隨意挑一張卡，看看上面的內容對你是否有意義。兩面都要看，把它與力量聯繫起來。用幾分鐘時間寫下你可能會採取的行動。我們將共同大聲交流各自的想法。如果第一張卡不能讓你產生共鳴，可以要求換一張。」

第三步：約 3 分鐘後，對大家說：「現在我們談談對肯定卡的反應。一次抽一張卡。」

抽卡過程中，問：「還有誰想要一張卡？」

讓我們一起看看另一張肯定卡：

我要得到我自己的力量。我親切地創造我自己的現實（第一面）。我要更多瞭解自己，以便有目的地、親切地塑造我的世界和我的經驗（第二面）。

「大家再說說，從力量的角度看，這張卡意味著什麼？」

第四步：以簡短討論結束。問：「大家從這個練習中學到了什麼？怎樣把學到的東西應用到工作中？你的同事們會不會認為使用肯定卡有點愚蠢或做作？」

領導力評估

在每題後的括弧填 1 或 2 或 3，給你的領導能力打分數。

1＝從不，2＝有時，3＝經常

1. 我很願意授權給別人。（　）
2. 當我授權給別人，我總是努力幫助他或她發展自己的領導力。（　）
3. 我允許被授權人犯一些錯誤。（　）
4. 我信任並相信我手下的關鍵領導者。（　）
5. 在我們的領導文化中鼓勵冒險。（　）
6. 在我們的領導文化中允許犯一些錯誤。（　）
7. 我培植和鼓勵一種創新精神。（　）
8. 我為提供持續的高水準的培訓。（　）
9. 我知道我的統率不是基於我的權威，我的行動反映了這一想法。（　）
10. 我週圍的關鍵人物把我當作一個可靠的、自信的領導者。（　）
11. 我的關鍵領導者對於我給他們創造的機會表示感激。（　）
12. 我願意把一部份責任分給團隊成員。（　）
13. 我幫助我週圍的領導者發展。（　）

14. 我的下屬感到，當他們有好的想法或者取得個人成就的時候，我是最好的鼓勵者。（　　）

15. 團隊成員表示，他們感到我對他們的信任超過他們對自己的信任。（　　）

16. 我鼓勵我的團隊成員建立個人發展計劃，而且我願意給他們以指導。（　　）

17. 我將提供基金讓團隊成員得到更好的培訓。（　　）

18. 人們看上去願意參與我的團隊。（　　）

19. 我給予的榮譽勝過我尋求的榮譽。我更願意看到我的團隊而不是我個人得到讚賞。（　　）

20. 我有意識地尋求讓我手下的關鍵成員獲得成長和進步的機遇。（　　）

得分：

50～60 分，這是你的強處。作為領導者，你要繼續成長，但是也需要花點時間幫助別人朝這方面發展。

40～49 分，這些不會妨礙你當一個領導者，但是也不會幫助你。要加強你的領導能力，在這方面多下功夫。

20～39 分，這是你領導能力的弱點，除非在這方面長足。

30

領導者如何打造你的團隊建設

遊戲介紹：

　　本活動適用於團隊建設，讓學員展示各自的獨特性，開發團隊合作。

遊戲人數：幾個 5 人小組

遊戲時間：1 小時

遊戲方法：

· 討論
· 回顧
· 手工

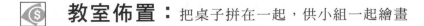

遊戲用品：

· 繪畫用桌子、椅子
· 大紙
· 尺寸為 8.5×11 英寸的紙張
· 鉛筆
· 彩色標記或蠟筆
· 膠帶

教室佈置：把桌子拼在一起，供小組一起繪畫

遊戲步驟：

第一步：請學員舉一個他們曾經參加的一個團隊合作非常愉快的例子。問他們為什麼那是一個高績效的團隊。

解釋說，要形成該績效團隊需要一定時間，因為大家需要時間發展關係，使每個成員都能更好地發揮自己的才能。指出下面的活動就是要證明你的觀點。

第二步：要大家創造一個團隊標誌。給每人發一張紙和一枝鉛筆。

請大家想一個能代表自己個性的象徵物：非常莊重的東西、或象徵成就、興趣、愛好的物品、或自己擁有的某件東西。給他們時間在各自的紙上畫個人標誌。

第三步：把學員分成 5 人一組。請每人向其他小組成員解釋自己的象徵物意義。

每個小組要創造一個小組標誌或圖案。小組標誌要包容所有組員的個人標誌。他們必須找出組員中的共性，找到一個符合每個人的主題。

請各組給小組標誌添加一個標題或座右銘，每人在最終方案上簽名。

第四步：恢復大組。請各小組解釋標誌含義。討論每人表現其個性的創造性方式。

第五步：請學員討論，跟他們自己的下屬或團隊做同樣的活動有什麼益處。

 # 領導者的決策能力

決策是各級領導人員的首要工作。決策是從兩個或兩個以上的可行方案中選擇一個合理方案的分析判斷過程。它需要主管人員盡可能地瞭解這些可行方案及其結果，有能力分析這些結果，並為之建立一個有序的、穩定的輕重緩急序列。

當我們面對問題的時候，你常常是立即做出反應還是盡可能地延遲你的決定？你是信任他人，並向他人進行諮詢，還是認為這種行為是你的一個弱點？你是常常在做出重要決策前後感到煩惱，還是冷靜地做出這些決策？當你需要迫切做出決定時，你是常常草率地做出決定，還是在壓力下表現出最佳狀態？

　　明智地、冷靜地用合理的速度做出決策的能力，對各行各業的人都有幫助，對領導者尤其有幫助。區分好的經理人和不合格的經理人的一種可靠的方法，就是分析他們做出決策的方式。有效的、合理即時的決策，是很重要的。

　　領導者要負責做出判斷，有時候在兩個或兩個以上可行方案中做出極重要選擇的人。

・在做出決策之前，仔細分析每一個可行方案。

・如果你發現以前的決策仍然行得通，那麼就使用它們。

・改變那些不適當的決策。

・記住，每個決策的意義可能都是巨大的。

・在做決策吋，問一問你做錯了什麼。

・在做決策時，考慮可能出現的結果。

・在做決策時，認真考慮所有的既定目標。

・最好經過系統的思考，而不要匆匆地做出決定。

・慎重考慮決策對所有同事的影響。

・不要延遲非常重要的決策，要即時做出決定。

・當決策沒有達到預期結果時，採取快速應對措施。

・做計劃時，未來目標應該是樂觀的，更應是現實的。

・鼓勵員工參與決策，以達到更好的結果。

・盡可能地從不同角度分析決策。

　　為了測試你的決策能力，請回答下列問題。仔細閱讀並在每題後用「是」或「否」回答下列問題。

　　1. 你是否常常避免或延遲做出重要決定，甚至希望這些問題將自動消失？（　　）

2. 當你需要立即做出決定的時候，你是不是不能達到你的最佳狀態？（　）

3. 你是否覺得，向你的下屬諮詢有關他們經歷過的問題將會降低你的身份？（　）

4. 在處理一些複雜的問題時，如果各個方面存在著嚴重的分歧，你會相信你的員工的意見嗎？（　）

5. 你是否希望你不一定非要做出決定？（　）

6. 當你面臨一個嚴重的決定時，你的睡眠和食慾是否會受到影響？（　）

7. 你背地裏不喜歡做決策，是因為你缺乏做決策的能力。（　）

8. 即使當你需要做出不重要的決策時，你也感到心神不安嗎？（　）

9. 在家裏，你是否參與所有或大多數的重要決定？（　）

10. 在做出重要決策前後你是否常常急躁不安？（　）

得分：

寫完答案後，計算得分。

問題 4 和 9 回答「是」計 4 分，回答「否」計 1 分。

問題第 1，2，3，5，6，7，8 和 10，回答「否」計 4 分，回答「是」計 1 分。計算總得分。

評估：

根據得分，按照下列標準評估自己。

32～40 分：平均水準以上，有卓越的決策能力

24～31 分：平均水準

23 分以下：平均水準以下

31

如何處理團隊內的衝突

遊戲介紹：

- ･找出用於使衝突最小化的說話方式
- ･使用身體語言使衝突最小化
- ･練習衝突處理，開發清晰和直接交流能力

遊戲人數：不限

遊戲時間：20 分鐘

遊戲方法：演示法和雙人活動法

遊戲材料:

1. 白、綠、黃三種顏色的索引卡,卡上分別印著語調、語氣或身體語言的例子。
2. 白卡上印句子,綠卡上印語調,黃卡上印身體語言。
3. 講義:練習用短語。

 ## 遊戲用品:

· 活動書寫紙
· 標記
· 準備好的活動卡

遊戲步驟:

第一步:說:「在交流過程中,特別是在解決衝突時,我們需要小心使用和理解語言的和非語言的暗示。我們將用一些例子進行練習,以便你在解決衝突時,能舒適地表達你的意思。」

分發講義。把學員分成 2 人一組,進行第一輪練習。

在書寫紙上寫:請再試一次!

「輪流說出以上短句,每次把重音放在不同的字或詞上。」

請大家用 4 種方式說出：

請再試一次。

請**再**試一次。

請再**試**一次。

請再試**一次**。

第二步：討論，請學員回答：

· 什麼因素起了作用？

· 是否認為在特定場合需要不同的說話方式？

第三步：開始第二輪練習，說：「在 2 人小組中，輪流說出下列句子，每次重音放在不同的字或詞上。」

a. 這次你做得不錯。

b. 你看過這件事的工作程序嗎？

c. 這是你期望的結果嗎？

d. 你認為呢？

書寫並討論：

「為什麼這麼簡單的句子在發生衝突時能給你帶來麻煩？」

第四步：請學員更換同伴，做第三輪練習。

「現在繼續說上面的句子，但要注意表示不同情感的語調。聽我演示，同樣的句子每次表現出不同的情感。

氣憤　　興趣　　高興　　同情　　分心（請分別演示）

那種語調似乎最有價值？那種最合適？

領導者在解決衝突時最適合使用那種語調？為什麼？

活動卡

剪下 3 欄中每行文字，分別貼在不同的卡上。

語句欄的貼白卡，語調欄的貼綠卡，身體語言欄的貼黃卡。

語句	語調	身體語言
「今天進展怎樣？」	突然	無眼球接觸（眼睛朝下看）
「看上去你做得很棒。」	漠不關心	邊說邊轉身走開
「告訴我你對這種狀況怎麼看？」	同情	坐下，身體向他或她傾斜。看著他或她的眼睛。
「我們很高興你加入我們團隊。」	分心	坐下，身體向後靠，雙手托著後腦。
「你的工作是否符合你自己制定的標準？」	氣憤	說話時眼睛到處瞧
「我能做什麼幫你嗎？」	迷惑	說話時拍他的肩膀，或看他的眼睛
「有疑問或問題，請放心來找我。」	確實有興趣	說話時雙手交叉放在胸前

第五步：「現在單獨練習。我們一起做一個試驗，試驗對象是解決衝突時使用的 3 方面交流形式：語句、語調、身體語言。」

展示 3 套不同顏色的卡片。請學員在每套卡片中抽一張，表演卡上的內容。讓其他學員猜表演者使用的語調和身體語言所表達的內容。然後強調：

如前面的例子所示，語句是你說的內容。白卡代表詞語本身，即語言資訊。語調是說話方式，通常表現你的情感狀態。綠卡上印的就是不同的語調。

身體語言指的是用身體表達的資訊。你說話時，眼睛是不是朝別處看？朝下看，或看上去不高興？黃色的是身體語言卡。

讓學員再來一次，並確定那種表述方式切中要害。

第六步：最後問：「有沒有人用語言、語調或身體語言影響過衝突？請給我們舉一個例子。」

講義：練習用短語

第一輪

· 請再試一次！

第二輪

· 這次你做得不錯。

· 你看過這件事的工作程序嗎？

· 這是你期望的結果嗎？

· 你認為呢？

第三輪

· 氣憤

· 興趣

· 高興

· 同情

· 分心

· 這次你做得不錯。

· 你看過這件事的工作程序嗎？

· 這是你期望的結果嗎？

· 你認為呢？

領導者的成功計劃書

　　一個有計劃的領導者可能會比那些讓命運決定未來的企業，而取得更多的成就。我們每天都要進行計劃工作，陰天帶傘上班的人就是一個計劃者；暑期打工掙學費的大學生也是一個計劃者；根據資訊技術時代的需求而決定採用電腦操作的高層經理人也是一個計劃者。

　　計劃就是決定目標，並選取一個行動方案以完成目標的過程。計劃有助於經理人應付任何變化。你肯定閱讀過一些文章，並知道這個世界變化得是多麼的快，變化的步伐又是如何地在加速。這些變化是多方面的，尤其是技術革新帶來的變化。我們每天都能聽到一些化學的、物理的和物質的變化發生。經濟風雲變幻，政府頻頻換屆，政府政策不斷進展，社會規範和態度也在不斷轉變，而競爭對手的數量和類型同樣也在不斷變化。

　　企業的發展趨向就是興起、鞏固、衰敗、甚至消亡。經理人必須學會應付企業內部的任何變化以及外部環境的波動起伏，而這些最好通過計劃來完成。一個有才能的經理人會通過計劃預見未來的變化並為此做好準備，從而比那些只是簡單地提前進行計劃的經理人能更好地控制局面。有效的計劃可以使經理人處於一種能夠影響未來變化的有利位置上，而不只是簡單地接受未來的變化。

　　用「是」或「否」回答下列問題，以確定你作為一個領導者，是否是一個合格的計劃者。

1. 我能清楚地書面說出自己的個人目標。（　　）

2. 我大部份的日子都是忙亂、無秩序的。（　　）

3. 我常常向別人徵求意見。（　　）

4. 我認為所有的問題都必須立即解決。（　　）

5. 我會用檔曆或日記來作為安排約會的輔助工具。（　　）

6. 我為我所有的項目規定開始日期和最終期限。（　　）

7. 我利用「活動安排」和「延期安排」的行動文件。（　　）

8. 我通常在採取行動之前再三考慮，很少匆匆做決定。

（　　）

得分：

回答完問題後，如果第 1，3，5，6，7 和 8 是肯定回答，以及第 2 和 4 是否定回答，那麼各計 1 分；再來計算總得分。

評估：

根據得分，按照下列標準評估自己。

7～8 分：完美的計劃者

5～6 分：好，但有些地方還有待於加強。

5 分以下：一般，顯然有必要提高自己的能力。

32

領導者如何控制議程

✈ 遊戲介紹：

領導者必須確保開會前要制定並分發議程，使人們有時間就重要議題收集資訊。這樣做能保證最重要的話題能在會議上得到討論。

ⓘ 遊戲人數：人數不限，每組 5 人

✈ 遊戲時間：1 小時 30 分鐘

🔊 遊戲方法：

- 演示
- 示範
- 案例研究

遊戲材料：講義：議程樣品

遊戲用品：

· 書寫紙，每組一張
· 標記
· 記事貼

教室佈置：足夠供各小組使用的桌椅和教室空間

 遊戲步驟：

第一步：用以下內容開場：

假如我們回顧我們曾經參加或主持的、但不成功的會議，我們很可能會得出這樣一個結論：沒有議程或粗製濫造的議程是會議失敗的主要原因。本次活動的中心就是如何制定好的會議議程。

在本次活動中，我們將審議為什麼議程如此之重要。你將有機會在小型團體中工作，共同準備議程。

第二步：討論為什麼會議都應該有議程。讓學員意識到，議程能夠：

· 明確那些任務和問題需要討論；
· 將討論項目排成順序；
· 確定會議需要多少時間；

‧檢驗會議任務完成情況；

‧為會後寫報告提供提綱。

講解如何寫議程，討論後並在書寫紙上寫下會前制定議程的優缺點：

1. 優點：

節省會議時間；會議內容可以排成邏輯順序；與會者可以準備參考資料。

2. 缺點：

減少了自發性；與會者不能肯定那些是重要內容。

第三步：告訴學員，在未來 45 分鐘時間裏，大家一起制定一個會議議程：為一個 2 小時的、以解決問題為內容的會議確定一個議程。以下是說明：

你在製造企業工作。你從幾個管道得知，銷售部給客戶的許諾按現在的生產日程無法實現。你準備召集銷售、生產、運輸、資訊技術和售後服務部門的人一起開會。你的目標是解決生產日程問題，以便公司實現對客戶的允諾。

分發講義，並解釋議程各項內容：

‧會議日期和時間；

‧主持人和記錄員姓名；

‧會議目標和目的；

‧議題、問題和會議形式；

‧會議程序；

‧議程各部份負責人姓名；

‧會議各部份佔用時間。

第四步：把學員分成 3 人一組，給每組發一張大繪圖紙和一本記事貼。他們應在繪圖紙上方寫下會議目的、開始和結束時間。

示範如何用繪圖紙勾畫議程輪廓。用一張記事貼代表一項會議內容。

先做會議通常項目，如：

簡介　　細則　　休息　　結束

每組用記事貼寫上這些項目，並把它們貼在繪圖紙上。在書寫紙上示範：

公司或組織名稱

日期

時間

地點

議程

目標或遊戲介紹：信守諾言

簡介

解決問題預熱（2 分鐘）

休息（7 分鐘）

議程 1

議程 2

總結

結束

首先，各組應討論 2 小時會議的所有內容。用一張記事貼寫一個議題或問題，並貼在大的繪圖紙上。可以更換項目順序，使會議內容既符合邏輯流程，又有不同形式的內容互相交叉。各項議程應該在繪圖紙左邊列成一欄。

第五步：各組完成後，把議程貼在大家都能看得見的地方，以便集體討論每個設計。很可能有不同的設計，但都能達到相同目的。對他們展現的創造力和使用的不同方法予以表揚。

第六步：研究議程基本內容，確定：

· 盡量按議程進行。定時檢查已經完成那些項目，還剩下那些項目。如有需要，可以做一些調整，調整要經過大家同意。確保按規定時間休息和結束；

· 通常，會議議程內容比較多，會議結束時，如果沒有完成所有內容也不要吃驚。總結沒有完成的項目，跟與會者討論，是否由一個人或一個小組解決遺留問題，或在下一次會議上解決。記錄會議決定。以便個人或小組在下一次會議上做相關報告。同時指出那些項目將被納入下次會議議程；

· 議程可以用作會議紀要或類似報告的提綱。

第七步：用下面一句話總結精心設計會議議程的重要性：

「記住：議程是引導你走向終點的地圖。」

議程樣張

會議名稱：

會議時間與日期：

地點：

部門或團隊：

主持人：

記錄員：

目標：

目的：

33

要給員工打氣

 遊戲介紹：

領導者必須注意大家能否保持注意力和工作效率。工人需要休息、鍛鍊、活動和適當的食物。

在培訓過程的某一點進行這一活動，但當你發現學員需要恢復精力時，可提前進行。

遊戲人數： 人數不限

 遊戲時間： 1 小時

遊戲方法：

· 討論

· 示範

· 運動

遊戲材料： 新鮮水果

遊戲用品：

· 每 4 人小組一個書寫架（或在牆上貼書寫紙）

· 記事貼

· CD 播放機和一些 CD 唱片

教室佈置： 牆邊留空間，以便小組站在書寫紙旁邊

遊戲步驟：

第一步：開場白：「當我們做一些有趣的事情或十分重要的工作時，我們往往消耗很多精力。領導者必須站出來，想辦法為大家恢

復精力。」

「我選擇在這時候討論這一話題，是因為你們看上去（累垮了、很疲勞、很疲倦），需要休息一會。所以，我現在把燈光調暗，播放輕音樂。請大家低下頭，打一個盹，恢復一下精力。」

第二步：領導者如何幫助大家恢復精力？請學員 4 人一組站在不同的書寫紙旁。給每人一本記事貼。請他們想出所有的能幫助連續工作幾個小時的人恢復精力的辦法，一張記事貼上寫一個辦法。先寫下所有的辦法，然後將類似辦法貼在一起。

叫大家繼續站著，播放一些活潑的音樂，帶領大家做伸展運動或跳舞（或者請一個擅長的學員帶領）。

請全班流覽所有建議的辦法，將類似辦法放在一起。然後，請大家吃點水果，找個地方坐下來。

第三步：瞭解一些其他辦法，如：

內容變化甚至地點變換也能幫助恢復精力。如果長時間做一件事，誰也不可能一直保持清醒頭腦。所以，要準備一系列不同類型的任務或話題。例如，把一個嚴肅問題和一個輕鬆問題或幽默問題結合在一起。或者，用一部份時間解決問題，用另一部份時間評價大家合作的方式；

定期恢復大組。如果你進行分組討論，一定要不時地將大家再集中在一起。如果大家互相不認識，請他們每次坐不同的座位；

新陳代謝決定了我們什麼時候精力最旺盛。一半參加者可能在上午精力充沛，而另一半人要到下午才精力旺盛，少數人可能到晚上才特別清醒。你可以變換上課時間，以便抓住大家的最佳狀態；

還有，你可以變換地點。如果在一個大公司的不同地點開會，

大家就有機會看到其他同事的工作場所。還可以不定時在公司以外的地方開會。多樣性能使人清醒；

　　人們只能連續坐著並保持注意力達 45 分鐘到 1 小時。所以，每過 1 小時，應該安排休息，大家可以去衛生間、打電話、呼吸新鮮空氣或互相交朋友；

　　通過鍛鍊身體給大家恢復精力。疲倦時，跟大家一起打打哈欠，伸展一下四肢。做一個在會議室就可以做的簡單體操。通常，參加者中總會有人樂於帶領大家做這樣的休息體操；

　　計劃散步時間。大家可以一起散步。也可以叫大家 2 人一組，在 10 分鐘散步時間內就某個話題交換意見；

　　食品和飲料可以幫助消除疲勞，但選用不當反而起反作用。許多人飲用過多咖啡，因為現場只有咖啡。但是，過量咖啡因使他們局促不安、興奮不已。所以，如果提供飲料，一定要提供多個品種：茶、咖啡、常用軟飲料、果汁、礦泉水、牛奶。食品也一樣，傳統的油炸圈餅或丹麥圈含糖量太高，使人們的精力速升速降。可選用含糖量少的麵包或松餅，提供乳酪和水果。這樣，大家的精力就能持續較長時間；

　　午餐也是一樣。自始至終要準備水果盤，讓想吃水果的人隨時可以拿到。如果大家一起用午餐，應選清淡一些的菜單，或至少飯後留一點時間散步。

　　第四步：總結所有方法，請每人在下次主持會議的時候至少使用其中 2～3 種辦法。

領導力評估

在每題後面的括弧裏填上 1 或 2 或 3，來給你的領導能力打分數。

1=從不，2=有時，3=經常

1. 長期以來，我有意識地計劃如何成長為一個領導者。（　　）

2. 需要領導時，我認真地考慮時機問題。（　　）

3. 假如我的團隊還不能對一個「正確」的決定做出回應，我會暫時擱置它。（　　）

4. 為了讓我的團隊準備好從事一個重要項目，我認真地思考並寫下必要的步驟。（　　）

5. 晚的時機控制得很好。（　　）

6. 我知道並且能說出我的組織裏那些關鍵的事件或者「決定性時刻」。（　　）

7. 我努力成為一個更好的領導者。（　　）

8. 如果需要讓我的團隊面對變化時,我會花時間思考該怎麼做，並寫下來。（　　）

9. 我閱讀領導能力方面的優秀書籍，並且把讀到付諸實施。（　　）

10. 我時常聽關於領導能力的錄音講座，並且把聽到的會諸付諸實踐。（　　）

11. 我注重過程，而不僅僅是目標。（　　）

12. 如果可以建立一隻更穩定的團隊，我願意為此放慢步伐。（　　）

13. 我清楚地知道，養成良好的日常習慣，對我成為一個領導者有多大的幫助。（　　）

14. 當我意識到一些不良的習慣在損害我的領導能力、阻止我成為更好的領導者時，我決定戒除這些陋習。（　　）

15. 即使我有了很好的點子，在實施之前，也總是先與別人商量。（　　）

16. 即使我對某件事情有自己的看法，我仍然會接納團隊裏其他領導人或成員的觀點。（　　）

17. 我允許其他人質疑我的想法，並且不生氣。（　　）

18. 作為一個領導者，我明顯地意識到前進的動力。（　　）

19. 我有一隻小團隊，這裏每個人都承認我是個領導者。（　　）

20. 我的一些朋友們幫助並鼓勵我成為一個領導者。（　　）

得分：

50～60 分，這是你的強處。作為領導者，你要繼續成長，但是也需花點時間幫助別人朝這方面發展。

40～49 分，這些不妨礙你當一個領導者，但是也不會幫助你。要加強你的領導能力，在這方面多下功夫。

20～39 分，這是領導能力的弱點。除非在這方面長足進步，否則你的領導效率將會受到很大的影響。

34

透過表揚，傳達領導力

 遊戲介紹：

　　這是為管理人員準備的單人遊戲。這個遊戲可以讓領導者學會對自己的員工進行表揚和獎勵的技巧，使領導經歷頗具有價值。

 遊戲時間： 根據情況具體來決定。

遊戲材料： 無

 遊戲步驟：

　　第一步： 你最近一兩天對你的員工進行表揚和獎勵了嗎？在這一兩天之前呢？你的褒獎明確嗎？你是否對所有員工進行了獎勵，並且每個人的獎勵都獨具特色？

　　你的表揚是真誠的並且沒有挖苦和諷刺嗎？你真的花心思找東西進行褒獎，而不是用一些微不足道的東西敷衍了事嗎（那樣會讓員工懷疑你的動機）？當你花心思對部門的美好事物大加讚賞並對負責的員工進行肯定時，是否感覺如沐春風？

第二步：是，是，是，是，是，是，是。假如你都做了肯定的回答，那恭喜你，你做得不錯！（假如不全是，那麼請繼續往下看，並在下週再做一次這個小測驗。）

第三步：下列建議將會使你付諸實行的表揚，更新鮮、有效和有意義：

- 在你右邊的口袋裏放上 4 枚硬幣（或者放在你辦公桌右邊的抽屜裏）。每當你對員工進行表揚之後，就拿一個硬幣到左邊的口袋（或者辦公桌左邊的抽屜）。每個早上和下午，努力把 4 枚硬幣都轉移了。

- 把員工的姓名按照字母順序進行排列，並且寫在一張表格上。然後在接下來的一週裏，把你表揚過的員工在表格裏勾出來。努力在這一週裏對所有員工進行表揚。

- 在一些小紙片上寫上你對每個員工的讚揚之詞。當大家都還沒有來上班時，把這些紙片貼在每個員工椅子的下面。在這一天的某個時刻，發一封群發郵件，讓員工們看看自己椅子的下面。

- 每一週或者兩週，挑選出你的團隊值得讚賞的方面。給大家發一封電子郵件或語音郵件，對他們為集體做出的貢獻表示讚賞。

- 在每個工作日裏，第一件事和最後一件事都是在表揚員工在工作中的出色表現。

領導力評估

在每題後的括弧填 1 或 2 或 3，給你的領導能力打分數。

1=從不，2=有時，3=經常

1. 作為領導者，我願意為團隊的進步做出重大的犧牲。（　）

2. 我為單位的健康和發展，做出了重大的犧牲。（　）

3. 做出犧牲時，我不會對個人的損失耿耿於懷。（　）

4. 只要能完成工作，我願意做任何事情。（　）

5. 同伴會認為我是一個富於犧牲精神的領導者。（　）

6. 我很清楚，為組織的利益我不願犧牲的事情很少。（　）

7. 我很清楚首先要做的是什麼事情，並一貫專注於此。（　）

8. 我團隊中的核心成員，會為了完成任務，他們願意做出犧牲。（　）

9. 在我的單位中，人們做出的犧牲取得了直接的積極效果。（　）

10. 我願意耐心等待結果的出現，即使是在做出了重大犧牲的場合。（　）

11. 為組織做出犧牲的時候，我能真誠地保持一種快樂、積極的心態。（　）

12. 為了獲得更大的回報，我願意放棄手頭的東西。（　）

13. 我懂得並能接受這一點：犧牲並不一定能獲得回報。
　　（　　）

14. 不論是短期的犧牲還是長期的犧牲，我都願意付出。
　　（　　）

15. 為更有價值的事情做出犧牲，是我個人價值觀的組成部
　　份。（　　）

16. 作為領導者，我願意為集體利益第一個做出犧牲。（　　）

17. 我對自己的要求比對下屬的要求更高。（　　）

18. 我的自我犧牲鼓勵了其他人做出自己的犧牲。（　　）

19. 我更多地把「捨」「得」法則看作一種生活方式，而非
　　單純的手段。（　　）

20. 我已經預料到，隨著我作為一名領導者的不斷成長，需
　　要做出的犧牲也會越來越大。（　　）

得分：

　　50～60 分，這是你的強處。作為領導者，你要繼續成長，
但是也需要花點時間幫助別人朝這方面發展。

　　40～49 分，這些不會妨礙你當一個領導者，但是也不會幫
助你。要加強你的領導能力，在這方面多下功夫。

　　20～39 分，這是你領導能力的弱點。除非在這方面長足進
步，否則你的領導效率將會受到很大的負面影響。

35

什麼時候要提出表揚

遊戲介紹:

總結學員在工作場所參加過或見過那些慶祝活動

遊戲人數: 不超過 20

遊戲時間: 1 小時

遊戲方法:
· 演示
· 個人反思
· 小組討論

遊戲材料: 講義:HEART 公式

🎯 遊戲用品：

- · 氣球
- · 彩色紙帶
- · 帶有心圖案的餐巾
- · 標語，上書「熱烈祝賀！共同歡慶！」
- · 各種帽子（每人一頂）
- · 斗篷和權杖（培訓師用）
- · 指揮棒
- · 蠟燭（插在蛋糕上）
- · 食品與飲料
- · 卡片籃
- · 音樂

🎯 教室佈置： 裝飾培訓教室，椅子排成半圓

✈ 遊戲步驟：

第一步：在培訓室外，請每個學員填寫一張卡片，內容是他們參加過的最有意義的慶祝會。叫大家把填好的卡片放在門口的大籃子裏。然後，每人選一頂帽子戴上。

在號角聲中（如吹喇叭）打開已裝飾過的門。大家進入裝飾好的、充滿喜慶音樂的房間。

第二步：大家坐下後，把卡片籃拿到教室前方。每次拿出一張卡片，請填卡片的人談談他填寫的那次慶祝會。在書寫紙上記下這些慶祝會的一些重要內容。

第三步：問：「一個成功慶祝會的因素有那些？」

講解 HEART 公式。（分發講義）

講義：HEART 公式

慶祝會必須包含 H、E、A、R、T（5 種因素的第一個字母，合起來構成一個詞「心」——譯註）。它們是：

1. 真心（Heartfelt）

慶祝會應該反應你們的前景、任務和價值觀；

慶祝會必須由公司領導發動，以績效和公司目標為基礎；

慶祝會應該真心真意；

領導者擔任慶祝會的領導；

慶祝會是人性活動。

2. 熱情（Enthusiastic）

慶祝會應該其樂融融、興高采烈、難以忘懷；

公開感謝員工對公司做出的貢獻；

展示產品和道具。

3. 全方位（All-Inclusive）

邀請客戶及其配偶參加慶祝會；

公開感謝他們為成功所做的努力。

---

4. 承認（Recognition）

在慶祝會上承認工作成績和取得成績的人；

使大家精神煥發；

別忘了對慶祝會本身予以承認。

5. 及時（Timely）

慶祝會必須經常舉行；

抓住每個傑出工作的鏡頭；

慶祝會應該在值得承認的事件發生後儘快進行。

詢問誰計劃慶祝會。「做計劃的就是你這個領導者。」

重申領導者在做慶祝會計劃時，應該採納他人意見。如果領導者認為有什麼值得慶祝的，其他人應該事先知道。

討論還有那些人應該參加計劃。提出以下角色：

1. 慶祝會籌備小組：成立一個小組幫助籌備慶祝會。籌備組成員應該定期輪換。

2. 活動計劃者：公司負責舉辦各種活動的人，但不能把慶祝會的事項全部交給他或她。

3. 項目組或團隊領導：這個人需要決定在項目「生命週期」中的那些點舉行慶祝活動。里程碑是重要時刻。

第四步：提出下列問題：

關於慶祝會你學到了那些東西？

你的行動計劃是什麼？

現在就準備慶祝！

遊戲討論：

分小組，每組 5～7 人。給每組一個不同的情景，內容是舉行慶祝會的理由。例如：

· 公司最近明確了前景和任務；

· 公司扭轉了對銷售的瓶頸；

· 項目組到達了一年科研任務的中間點。

提供道具、產品、CD 和藝術資料。每組製作一個招貼畫大小的邀請信，挑選適合慶祝氣氛的音樂。

每組用 20 分鐘時間做計劃。

每組描述各自的計劃。請全班一起討論最佳內容。然後大家投票選出最能代表 HEART 公式的小組。獎品是一個大的「心」，或者一心形盒巧克力。

心得欄

領導者要善於解決衝突

在通常的社會關係中，總是存在各種形式的衝突。衝突就是相互矛盾的行為，即一種一個人妨礙、干擾或用其他某種方式使他人的行動失效的行為。利益互相對立的衝突會導致人們把這種衝突看成一種競爭，以確定誰的力量和利益佔支配地位，誰的佔從屬地位。當競爭的情況出現以後，它就會導致猜忌和懷疑，從而破壞了解決問題的整個局面。

- 模棱兩可的工作範圍可能會引起資源和控制權的競爭。
- 資源短缺後，組織內任何有價值的東西都能成為競爭性的追求目標。
- 缺少很好的溝通會導致衝突。
- 時間壓力能夠提高員工的短期績效，或引發破壞性的情感反應。
- 不可實現的期望。
- 個人身份的衝突。
- 身份地位的區別。

領導者要想成為一名勝利者，必須在解決衝突問題上採取如下方法：

- 把衝突看作是存在相互利益的共同問題。
- 如果事情真的有什麼變化，就儘量指出問題所在，並著手開始解決它。
- 儘量讓衝突雙方走到一起，或說，讓我們忘掉這些吧，

這樣我們就能把工作幹好。

‧協商出一種雙贏的方法。

‧有時候，耐心可以解決問題。坐下來，不要搞亂惹事，他們自己能解決問題。

‧闡明雙方的利益。

‧確定雙方的觀點，設計出不同的解決方案。

‧做一名認真的傾聽者，並尊重另一方的觀點。

閱讀下列問題。根據你的回答，在適當的數字上畫圈。這是為自我提高而設計的。你的得分有助於你對有效工作形成深刻的認識。在每小題的括弧內給出你選擇的數字。

給分標準：

①很少或從來不──計 1 分；

②曾經有過一次──計 2 分；

③有時候──計 3 分；

④經常──計 4 分；

⑤很頻繁或總是──計 5 分

1.我公開討論問題。（　）

2.我避開爭論。（　）

3.我會確保自己的看法得到尊重。（　）

4.我相信應該減少差別，並為了一個共同的目標而努力。（　）

5.我相信「給予一獲取」的解決方案。（　）

6.我堅持問題必須得到解決。（　）

7. 我常常避免當面對質。（　　）

8. 我不接受人們對一個問題回答「不」。（　　）

9. 我相信應該消除差別。（　　）

10. 我相信，一個人要得到一些東西，他就必須給出一些東西。（　　）

11. 我會清楚地表明我的觀點。（　　）

12. 我不參與爭論。（　　）

13. 我會堅持我的解決方案。（　　）

14. 我關注存在共同利益的目標。（　　）

15. 我會考慮從兩方面分析問題。（　　）

得分：

填寫完答案後，按照每個答案所給出的分數計算得分。

A） 1，6，11＿＿＿＿＿＿

B） 2，7，12＿＿＿＿＿＿

C） 3，8，13＿＿＿＿＿＿

D） 4，9，14＿＿＿＿＿＿

E） 5，10，15＿＿＿＿＿

根據得分，按照下列標準評估自己。最高的分數將顯示出你解決衝突的方式。你也許有不止一種解決衝突的方式。每個設定部份的分數將表明你解決衝突的方式，例如：

（A）你採用雙贏的方法解決問題。你能認識到自己和他人的能力和專長。你認為，重點是解決問題，而不是輸贏的問題。

（B）你試圖逃避衝突狀態。不過，衝突不解決，就會導致無管理的狀態。

（C）你會使用你的權力或地位。但是，權力策略最終會導致輸贏的問題。

（D）你會盡力縮小衝突雙方的差別，但是。你卻沒有認識到公開處理衝突問題的積極方面。

（E）你做出讓步。

一個人應該根據情況有所變化，並採用適當的方式，以確保其能有效地發揮作用。總之，你的目的就是要達到一種雙贏的局面。

心得欄

36
領導者要讓工作與生活平衡

 ## 遊戲介紹：

新領導者遇到的一個困難是，他們拼命工作以證明自己有能力，因而使生活失去平衡。他們沒有時間和精力去做與工作無關卻又對自己十分重要的事情。

本次活動簡潔而有效，它提醒學員需要平衡工作和生活。有兩個培訓師效果最好，一個也可以。

遊戲人數：不超過 20

遊戲時間：45 分鐘

遊戲方法：

· 角色扮演
· 展示
· 小組討論
· 回顧

· 寫日誌

遊戲材料：

· 一個標有「事業」的巨大鍛鍊用球
· 一個標有「家庭」的籃球
· 一個標有「健康和鍛鍊」的「玩具」球（比籃球小）
· 一個標有「朋友」的網球
· 一個標有「志願活動」的高爾夫球
· 一些洗澡用的珠子（能成盒購買）
· 一條長繩或紗球
· 各色鋼筆或鉛筆、標記
· 書寫紙、一遝空白紙

教室佈置：靈活掌握

遊戲步驟：

挑選一個志願者，提前向他或她簡要介紹活動內容。在地板上用紗線製作一個紗圈袋，大小如最大的球。

第一步：請兩個助手（或其中一個由學員擔任）站在紗圈旁。助手甲手持最大印球，助手乙拿其餘的球。

助手乙問助手甲：「你把時間和精力全部放在事業上，你如何處理生活的其他方面。我知道，其他方面一樣能帶給你歡樂和成就感。」

助手甲回答：「假如工作像大球那麼大，不可能顧及生活的其他方面。」

第二步：助手甲拿著大球，邀請志願者參加進來，給他大球，問他有什麼感覺。

助手甲再給他第二個球，問他能否同時拿住兩個球。

助手甲再給他第三個球。志願者開始想辦法拿住所有的球。

一步一步把所有的球都給他。

助手乙解釋：「當我們被生活所有方面壓得喘不過氣來時，人們有時候叫我們多洗澡。我現在問你，這就是生活平衡嗎？你需要的是不是給你一點時間？」助手試圖把沐浴球也放在志願者手中。（沐浴球一定會滑落，在地板上滾動。）

別打斷學員們的笑聲和自由評論。告訴他們，大多數新任領導者總要遇到這樣的困境，有時候是上任的第一天或第一週。

第三步：助手甲說：「我們來看看什麼是真正的平衡，這對每個人都很重要。」

請志願者把大球放在紗線圈袋上。說：「請看，現在你的生活平衡了。你面前的所有的球代表你生活的各個方面，我們來看看生活中這些球的實際大小。」

第四步：介紹生活循環概念。給每個發一張白紙，請大家：

「在白紙上畫下你的實際生活。例如，用圓圈代表工作、家庭、娛樂、睡眠、宗教活動、社區活動等等。圓圈的相對大小要反映實際情況。」

第五步：用以下問題引發討論：「什麼是平衡，什麼是失衡？」參考答案是：

⑴失衡就是球的數量超出時間和精力允許的範圍。必須放下某些球；

⑵平衡就是必須依次做的事情的數量讓你感到適宜。當你偶爾發現自己失去平衡的時候，你明白你需要由一定時間恢復精力或重新平衡你的生活。

請學員重新畫生活圓圈。但這次圓圈的大小要根據平衡生活的需要確定。完畢後，請志願者比較前後兩套圓圈。

第六步：解釋如何把這個例子應用到各自具體的環境：「一種尋找平衡的辦法是將時間與生活目標，包括個人目標和職業目標，捆綁在一起。我提示兩個問題，供你們記日誌時參考。」接著說出並書寫：

- 你的 3 個最高目標是什麼？把它們寫在第二張畫圓圈的紙上，作為「沉思」記號；
- 為了達到生活目標，你怎樣對時間分配進行調整？
  （給大家一定時間）

第七步：在書寫紙上寫上以下引語：

你可以什麼都要；但也許你做不到同時什麼都要。

就這句引語的含義進行提問並討論。

第八步：把大家帶到戶外，玩一會兒球，吃一點有益於健康的小吃。在高昂的氣氛中結束本次活動。

 ## 遊戲討論：

- 鼓勵學員回顧並談論他們對「生活平衡」所做的努力

· 讓每個人參與交流，以便記住心得
· 一起歡笑，一起歡度窘迫時光

37

測驗你對領導力瞭解什麼

遊戲介紹：

· 掌握學員對領導力瞭解什麼
· 熟悉有關領導力的參考資料

遊戲時間：30 分鐘

遊戲方法：有組織的熱身活動

遊戲材料：相關領域的圖書
2 塊寫字板和標識筆

遊戲步驟：

第一步：概述

A. 介紹主題：「本活動的目的是為了掌握我們對領導力知道些什麼，還有那些不瞭解的。」

B. 概述：「我們將一起羅列一下我們關於領導力知道些什麼，還有那些不瞭解的，熟悉相關資料以便擴展我們的知識。」

第二步：目標

瞭解學員對領導力知道些什麼，並且熟悉這一領域的相關資料。

第三步：你知道些什麼

A. 將 4 塊紙板貼在牆上，在上面分別標上：

· 我關於領導力所知道的東西

· 我有關領導力所存在的問題

· 關於領導力的相關資料

· 領導力的定義

B. 分發大張粘貼紙條，學員在紙條上寫出盡可能多的與這 4 個方面相匹配的條目。

C. 要求學員把他們的紙條貼在適合的紙板上。

D. 對相似的評語、問題和相關資料進行歸類。

E. 對學員遞交的紙條作一個點評。說明在你制定的培訓計劃中將如何解答他們有關領導力的問題。

F. 分發參考書目，推薦其他你在資料書桌上已經提供的其他參考材料。鼓勵學員在課間流覽。要求他們將任何他們能提供給別人閱讀的資料帶來。

G. 申明在培訓期間你將運用他們關於領導力的各方面知識。

38

大家去探險

遊戲介紹：

- 使學員願意靈活一些、富有探險精神、嘗試新鮮事物
- 強調積極主動是優秀領導者必備的一項重要技能

遊戲人數：每位培訓師至多 10 名學員

遊戲時間：1 小時

遊戲方法：

- 活動
- 討論

遊戲材料：

- 能裝下其他東西的大背包或旅行包
- 太陽帽

- 白天用背包
- 水瓶
- 旅行靴
- 毯子
- 望遠鏡
- 會餐食品
- 地圖
- 指南針

教室佈置：

事先在室外找一個地方，讓學員走動 10 分鐘，然後坐下來討論。

遊戲步驟：

第一步：告訴學員，領導者應該展示探險精神。他們必須願意靈活，敢於創新，承擔適當的風險。這樣，他們的下屬才能從他們那裏學到本領。

第二步：讓大家圍繞在裝滿徒步旅行用品的背包或露營包週圍。告訴他們，你們要出去探險。拿出用品，分配給不同的學員保管。叫他們帶上外衣，準備出發。請自由結成步行旅伴。

在去終點的路上，請每人向各自的旅伴講述一次親身經歷過的旅遊探險活動，特別是不同尋常的探險活動。

第三步：到達終點後，鋪開毯子，拿出速食和水瓶，讓大家感到舒適。大家一起討論各自的探險活動。提如下問題：

· 特別讓你記住以前探險感受的東西是什麼？

· 經過探險活動，你學到了什麼？

· 講述一次在工作中以異乎尋常的方法處理一件事情的經過，即你的一次冒險行動。

· 這些故事中有什麼共同因素？

· 在剛才的探險活動中，終點的懸念對你有何影響？

· 望遠鏡跟探險活動有什麼關係？

· 計劃探險活動時，應考慮那些重要用品？

第四步：回到領導力主題。告訴學員，研究表明，優秀的領導者都具有冒險精神，都願意朝新的方向前進。他們敢試驗，敢冒險。領導者挑戰現有體系。

目的是為了創造新產品、新程序、新服務。這些領導者從冒險過程不可避免的錯誤中學習。

「面對變化和風險時，領導者與經理不一樣。優秀領導者會評估自己的冒險傾向、分析以往的冒險是否合適、明白冒承擔經過分析的風險是一項領導者必備的技能。」

第五步：用以下方式結束本次活動：請大家考慮如何把剛才學到的東西應用到實踐當中。

39
瀟灑的演說技巧

 遊戲介紹：

一個領導者在一生中要發表許多演說，但要給人留下絕妙印象，每次只有一次機會。所以，領導者必須時時學習演說技巧，使其演示意味深長又不易忘卻。本次活動最好分兩部份進行，一部份講解概念，一部份做練習和回饋。

學習演說技巧，並且使用這些技巧進行演示練習。

 遊戲人數： 不超過 15

 遊戲時間： 1 小時講解，每人 10 分鐘練習演示

遊戲方法：

· 演示
· 評估
· 表演
· 討論

遊戲材料：

- 3 種顏色的標牌，分別印著優秀、良好、一般
- 5 種顏色的標牌，分別印著信心、組織、緒論和結論、直觀教具、講演
- 講義 1：家庭作業，每人一份
- 講義 2：課堂演講回饋表
- 書寫紙和標記
- 5 張桌子

教室佈置：椅子圍成一圈，面向書寫紙

遊戲步驟：

第一步：指出能夠進行有效演講的重要性：

作為一個領導者，你在你的事業生涯中要進行無數次演說，包括在公司演講和在社團演講。但是，要想獲得絕妙的效果，每次演講你只有一次機會。所以，今天我們要花點時間學習演講技巧，以使我們的演講意味深長又不易忘卻。你們將學到如何在每次演講中煥發瀟灑活力。

首先，我們將討論我們所聽到的不成功的演說，找出其中缺少的和我們應該避免的東西。接著，我們將調查大家的現有基礎，學習一些「經實踐證明」的、能使我們的演講充滿活力的技巧。

　　然後，我將佈置一個作業，請大家回去準備一個演講，下次見面時請大家一個一個發表演講。

　　第二步：「我們都經受過粗糙演說的折磨。有人聽過像鉛球一樣死氣沈沈的演講嗎？」給幾分鐘時間讓大家舉例。然後問：

　　「為什麼有些演說讓聽眾倒胃口？我們來列舉一些常見錯誤。」

　　在書寫紙上記下學員的意見，問他們在列舉的事實當中那些與內容有關。學員們應該能發現，大多數錯誤跟內容毫無關係，而演講者恰恰把大部份準備時間花在演講內容上。「今天，我們的重點是演講過程。」

　　第三步：在書寫紙上寫以下資料：

　　話語資訊的真正影響力來自何處？

　　7%來自語詞；38%來自語調；55%來自非語言交流資訊。

　　請大家發表對這些研究資料的感受。解釋：在電話交流中，百分比發生變化：語調佔信息量80%。

　　第四步：現在給大家一個檢驗自我表現的機會。

　　把三色標牌（優秀、良好、一般）放在地上，間距6～10英尺。

　　請大家站起來聽你提問。共有5個問題。每提一個問題，學員應走向符合各自水準的標牌。鼓勵大家做記錄。這5個問題是：

・做演講時，你的感覺和信心如何？

・你組織演講內容的能力怎樣？

・在設計引人入勝的緒論和引人注目的結論方面，你的能力怎樣？

・你對直觀教具的使用情況如何？

‧ 做演講過程中，你是否精力充沛？

第五步：接著給學員一些時間，讓他們交換有關演講的知識。先把 5 種標牌（信心、組織、緒論和結論、直觀教具、演講）分放在 5 張桌子上。

請學員在 5 個領域中選擇一個他們最擅長的領域，並走到相應的桌子旁。他們也可以選擇走到自己感覺較差的領域。大家自由選擇不同的桌子。

學員根據各自的選擇自行組成小組。各小組用書寫紙和標記列出各自的觀點。每個人都表達意見後，各小組陳述各自的建議。用自己的提示對各小每個人都表達意見後，各小組陳述各自的建議。用自己的提示對各小組的建議進行修飾。

第六步：增強你的信心。搜集所有關於聽眾對主題、整體框架和你準備使用的設備的瞭解的資訊。

現在開始想像。請學員閉上眼睛，想像他們認識的、優秀的演講者。問：

「他或她的面部表情怎樣？用了什麼手勢？演說當中他或他是否來回走動？是否使用了直觀教具？聽眾的反應怎樣？」

繼續閉著眼睛。現在想像你就是那個演說者。根據需要變換你的面部表情。

「你看著自己在做手勢。看到自己走來走去，但並不是機械地踱步。眼睛看向聽眾，看見他們反應良好。給一個強有力的結論，然後聽他們鼓掌。」

在計劃和練習演講之前，建議他們進行幾次這樣的想像。告訴他們，閉上眼睛是為了防止分心。

「在開始正式演講之前，要提前到達演講場所。檢查設備。隨意走動。聽眾陸續到達時，跟他們打招呼，與他們交談。」

以下是有關提示：

· 儘早進行計劃和準備；

· 揣摩演講效果，反覆考慮你對聽眾和演講場所的瞭解；

· 寫出演講大綱：目的、組織、緒論、結論、講演方式、直觀教具；

· 記住如何開場和結束；

· 對於演講過程，操練、操練、再操練；

· 最後演練：坐在椅子上，雙手合在一起；坐在椅子上，雙腳向地板用力；坐在椅子上，雙手抓住椅座，向下和向上用力；

· 使用積極言語肯定，如「今天，我的演講將征服聽眾」。這樣做是為了克服內部消極因素的干擾；

· 站起來，你一定會獲得更好的結果。但是，不要站在講台後面，要站在側面。可以使用寫著重要資訊的卡片；

· 移動到另一個位置，如在兩張活動掛圖或書寫紙之間前後移動。不要進行單調的「緩慢踱步」，因為那樣會使聽眾分心；

· 用眼球接觸把聽眾吸引進來。不斷變化眼球接觸，以便和每個人都有接觸；

· 在腰部上方運用手勢，不要把手放在口袋裏或背後。把聲音關閉，觀看電視上的演員，看看他們是怎樣移動的；

· 獲取和保持集中力。每過 9 分鐘，人們的注意力就會分散。

以下是一些集中聽眾注意力的方式：

→聽眾提問時，詢問他的名字

→進行小測試

→停下來,請聽眾跟鄰居對筆記

→引用聞名的事件、電影、引語或提起著名人士

→請大家舉手表決

→對聽眾說,你稍後將贈送大家一個小禮物(一定要說到做到)

使用直觀教具的提示:

· 簡單,每屏顯最多 6 行;

· 使用顏色;

· 每個教具限定一個主題;

· 使用前不要展示;

· 在有內容的書寫紙上加一張空白紙;

· 在書寫紙上用鉛筆做筆記;

· 不使用時,關閉設備;

· 眼睛看著聽眾,而不是教具。不要大聲朗讀聽眾自己能看清的內容;

· 演講過程中不要傳遞物品。

第七步:前面你講過要佈置家庭作業,叫他們準備一個演講,日後應用這些技巧進行演講。現在發放講義 1。

第八步:為學員演講做準備。

重新排放椅子,模擬會議室。

抽籤決定演講順序。

給每個學員發一張回饋表告訴學員,每人要對在他前面做演講的做回饋。作為培訓師,你要對每個學員給出評估。

在每輪演講中：

· 每人發表 6 分鐘演講；

· 給聽眾一些準備回饋的時間；

· 主持回饋。

發放講義 2。

講義 1：家庭作業

請準備就_____發表 6 分鐘演講。

例如：「如何充實家庭生活」。請至少使用一種直觀教具。演講的目的是交流演講技巧，同時觀摩各自的演講風格，以及你運用這一課講解的演講技巧的能力。

講義 2：課堂演講回饋表

你的姓名：_____　　演講者姓名：_____

日期：_____

按 1～5 分（5 分最高）給下列各項打分：

緒論組織

引起注意_____

建立親切感_____

表達目的_____

激發聽眾＿＿＿＿＿＿＿＿＿＿

講稿組織

清晰＿＿＿＿＿＿＿＿＿

簡單＿＿＿＿＿＿＿＿＿

聽眾容易跟上思路＿＿＿＿＿＿＿＿＿＿

整體演講

使用一系列輔助材料＿＿＿＿＿＿＿＿＿

適合、有效使用聽覺和視覺教具＿＿＿＿＿＿＿＿＿

使用強化技巧＿＿＿＿＿＿＿＿＿

身體語言

面部表情＿＿＿＿＿＿＿＿＿

眼球接觸＿＿＿＿＿＿＿＿＿

手勢姿勢和移動＿＿＿＿＿＿＿＿＿

聲音

清晰＿＿＿＿＿＿＿＿＿

高低變化＿＿＿＿＿＿＿＿＿

速度變化＿＿＿＿＿＿＿＿＿

演講結論和總體效果＿＿＿＿＿＿＿＿＿

40
領導者要有夢想的能力

 ## 遊戲介紹：

提出創意是領導力的重要領導行為之一。在孩提時期，我們都做過白日夢，但是當我們漸漸長大就不再怎麼做白日夢了。做白日夢是領導者需要再生和運用的一種非常重要的能力，因為這樣他們就能為其組織提出創意。

 ## 遊戲時間：90分鐘

遊戲方法：

· 有指導、有目的之想像
· 介紹
· 討論

遊戲材料：

· 羊毛毯
· 答錄機
· 幻想曲音樂帶

遊戲步驟：

第一步：概述

介紹主題：「我們將經歷所謂的『大腦半球的刺激』。這種刺激迫使我們以一種不同的方式看問題。」

「我們要到室外去尋求我們的刺激，來，我們走吧！」

第二步：目的

「本活動的目的是探討白日夢的要素和價值以及將夢想運用於提出創意的過程。」

第三步：一起來做白日夢

A.將全班帶到室外（如果天氣許可的話），要求學生在毛毯上躺下。

B.一旦他們躺舒適了，讓他們閉上眼睛，引導學員在記憶中的地方作一次旅行。

「這是你 12 歲時的一個可愛夏日。學校在一週前放假了。你躺在一個地方做夢。你在那裏？你感覺如何？讓你的思想漫遊於某項你感興趣的事情上，或許是一項你喜歡的運動或比賽，你也許和

某人在一塊兒。

「現在讓自己夢想一下未來。將注意力集中在自己長大後夢想成為什麼。你在夢中正做著什麼？它在那裏發生？別人對你的夢想如何反映？（如果你有不止一個志向，對它們都要加以關注。）

從那兒時的夢境中挑選一種感覺，把它帶回到這兒、帶回到現在。」

C.將學員分成 3 個人的小組，討論以下問題：

⑴他們夢見了什麼？

⑵能在多大程度上使他們的夢想成為現實？

⑶他們從這種白日夢境中帶回了什麼感覺？

第四步：白日夢的要素

A.引導全班討論第三步 C 中的 3 個問題。

B.概括我們在做夢時所出現的要素和條件，這可能包括：

⑴安靜的環境。

⑵沒有明顯關聯的自由想像。

⑶作為其他事物象徵的事件或人物，我們在熟睡中做夢時更是如此。

⑷輕輕拍打我們主管想像和直覺的腦半球。

⑸從激動到恐懼的情感排列。

⑹在夢中可以去任何地方、想念任何人的那種感覺。

⑺稀奇古怪和不可能發生的事情。

C.討論夢的價值，包括以下各點：

⑴我們用更寬廣的視野來認識生活和事物。

⑵我們考慮那些初看似有悖邏輯的可能性。

⑶夢想有助於我們創造能夠為之奮鬥的目標。

第五步：通過夢想提出創意

A.討論我們何以需要用白日夢去為自己的工作和組織提出創意。

B.為白日夢擬定行動方針：

⑴計劃做夢的時間。

⑵挑選安寧、平靜的地方做夢。

⑶嘗試與你的職員或團隊一起做集體白日夢。

⑷挑選一個你想解決的問題，最初將注意力集中於它，然後讓你的白日夢隨之而來。

C.讓學員選擇一個問題，它是做夢能夠幫助解決的。例如：

⑴你想開始做一筆生意。

⑵你所在部門的一個新組織結構。

⑶你公司的一個新產品或一項新服務。

⑷使你的組織在你工作的領域名列首位。

⑸為你的公司發一筆 50000 美元的橫財。

D.如果你能把學員帶出室外，要他們再次躺下，但是讓其眼睛睜開，要求他們看著雲彩，尋找象徵他們夢想的形狀，這些夢是他們在 C 這部份記得的。要求他們在雲彩中繪製其實際夢境中的圖景。

E.讓學員重新回到最初的 3 人小組進行討論：

⑴你夢到了什麼？

⑵為使這夢成為現實你需要做些什麼？

第六步：總結

A.總結本次活動。

B.轉換到下一次活動內容，它可以是第 6 部份中的一個附加活動。

第七步：為了有助於準備進行有關創意的教學，需要閱讀更多關於創造力和創意這方面的資料。

如果天氣不允許在室外開展本活動，可利用室內的地板。在進行想像力練習期間，你或許應該放一些舒緩的音樂。

 ## 遊戲討論：

· 探討夢想的構成要素和價值
· 將夢想運用於提出創意的過程

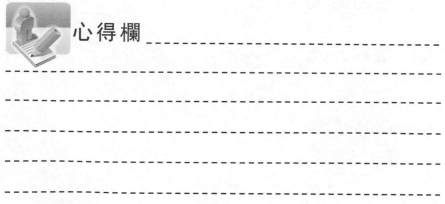

心得欄

41

你要加強何種領導風格

 遊戲介紹：

　　這是一個優秀的遊戲模式，能幫助各級領導者確定自己喜歡的領導風格。

　　學員應先用找出自己基本的、佔主導地位的領導風格。本活動的目的是鼓勵學員根據被領導者的需要或具體情況調整，靈活運用領導風格。

 遊戲人數：24 人（4 個小組，每組 4～6 人）

 遊戲時間：1 小時

 遊戲方法：

　·討論
　·角色扮演
　·手工

🎮 遊戲材料：

· 講義：造雪花（發給小組長）
· 剪刀（每組兩把）
· 綠紙
· 膠水

🈹 教室佈置：大教室，供 4 個小組做角色扮演

✈ 遊戲步驟：

第一步：解釋：靈活性是一項重要的領導能力。

研究資料表明，54%的領導者使用一種領導風格，35%使用兩種，10%使用 3 種，能使用全部 4 種風格的只有 1%。作為領導者，需要有進行有效領導所必需的靈活性。你從 LBA Ⅱ 靈活能力得分中學到了什麼？（按 0～30 給靈活度打分。低於 14 分表示靈活度低，因為測試者趨於使用 4 種主要領導風格中的一種或兩種。高於 20 分表示靈活度高，因為測試者能多多少少平均使用 4 種領導風格。）

第二步：討論學員的領導風格，說：「回想在過去的一次領導行為中，你確信沒有根據被領導者的需要靈活掌握領導風格。發生了什麼事情？」（討論被領導者的反應）

「現在想一想你管理的人。對那些人你趨於使用第一種風格？對那些人使用第二種？」請討論。

「你需要開發那一種或那幾種領導風格？」

第三步：介紹模擬遊戲，分發講義。

「本次活動的目的是類比在市政府公共工作部工作的領導者和跟隨者的行為。公共工作部主任要求你的工作組製造人造雪，因為自然雪不夠，將影響即將到來的『冬節』氣氛。」

告訴學員：「我已經為 4 個小組挑選了組長，他們分別是______和______。我部的質量工程師是______（培訓師或另一個學員或嘉賓），我要跟他們說幾句。但現在我需要一個志願者幫助我向每個人收 1 美元。就像在生活中一樣，這是一個團隊之間的競爭。錢將獎勵給獲勝的團隊。我還想談談這熱乎乎的、令人討厭的秋天天氣。」

把組長們帶到一邊，為他們指定列在講義上的領導風格。請他們不要把各自的風格告訴組員。

第四步：發放剪刀和紙張，重申目標：「目標是看那個小組造的雪花最多，獲勝小組將得到錢。」

提醒大家要分兩步走：計劃和生產。

「計劃階段用 10 分鐘時間，計劃好後接受審查。然後我給大家 10 分鐘時間製造雪花。」

第五步：給出計劃階段的指示：「各小組有 10 分鐘時間做設計，設計方案必須獲得所有組員通過。將設計方案提交給質量工程師______。」

走訪各小組，聽他們討論。回答有關問題，提醒剩餘時間。

第六步：10 分鐘到後，叫組長送交設計方案，由質量工程師審查，根據標準打分。給最佳設計獎勵 4 美元。審查標準：

· 整潔

· 創造力

· 提交準時

第七步：給出生產階段指示：「各小組用 10 分鐘時間盡可能多地製造雪花。每片雪花必須與你們設計的一致。生產最多雪花的小組將得獎。我們將同時開始。」（宣佈「開始」）

走訪各小組，聽他們討論。回答有關問題，提醒剩餘時間。

時間到後，請各小組上交產品，由質量工程師檢驗。根據以下標準打分：

· 產品清潔

· 與原型設計的相似程度

· 質量控制

將剩下的錢獎給獲勝小組。（注意，在開始階段向每人收取 0.25 美元或 1 美元。25%作最佳設計獎，其餘 75%作生產獎。）

第八步：講解整個模擬活動，告訴大家，組長們被要求以互不相同的領導風格開展領導工作。

請組員交換意見，討論回答下列問題：

· 你的組長使用的是什麼風格？

· 你如何感覺出被這種風格領導？

· 討論該風格的證據（你見證了那些行為？）；

· 你被激勵的程度，按 1～5 打分；

· 你的小組的生產力，按 1～5 打分。

第九步：討論如何將理論應用於實際領導工作。問：

‧ 這一模擬那些方面與真實生活相似？

‧ 什麼時候最適於使用那種風格？

‧ 你個人需要開發那種或那幾種風格？

講義：三種領導模式（造雪花）

指示型領導

一開始就掌握控制。讓他們知道你是老闆，你會告訴他們幹什麼。明確指出小組應該如何設計，如何生產雪花。制定步驟，決定誰做什麼、用何種設備、在那裏生產。如果組員提建議，對他有禮貌，但仍按你的方法繼續。密切監視具體工作。

既給出指示，又給予幫助。先解釋你對計劃和生產的想法。然後聽其他人發表意見。保持雙向交流。但是，最終決策必須由你決定。這不需要一致通過！

輔助型領導

相信組員能依靠經驗自覺完成任務。所以，提醒他們，根據他們過去的表現，你對他們有信心。告訴他們，你將與他們共同決定如何管理計劃和生產雪花。提醒他們，你的任務是提供幫助：你將確保大家都理解任務，並知道解決問題的各種選擇。即使你是領導，你的任務和貢獻和其他人是相等的。所有決策都必須經過大家一致同意。

授權型領導

　　你的小組對這項工作有豐富的經驗，對完成任務也有很大的熱情。他們已經合作了一段時間，正希望成為一個自我管理的團隊。所以，你的任務就是解釋設計和生產雪花任務。一旦他們理解了任務，就讓他們自己決定如何完成。他們自行開展工作，遇到問題，或設計完畢後，他們會向你彙報。要讓他們能隨時找到你，不要離開教室。

 遊戲討論：

- 練習使用 4 種主要領導風格
- 開發靈活使用領導風格的能力

心得欄＿＿＿＿＿＿＿＿＿＿＿＿＿＿＿＿＿＿＿＿

＿＿＿＿＿＿＿＿＿＿＿＿＿＿＿＿＿＿＿＿＿＿＿＿＿＿＿

＿＿＿＿＿＿＿＿＿＿＿＿＿＿＿＿＿＿＿＿＿＿＿＿＿＿＿

＿＿＿＿＿＿＿＿＿＿＿＿＿＿＿＿＿＿＿＿＿＿＿＿＿＿＿

＿＿＿＿＿＿＿＿＿＿＿＿＿＿＿＿＿＿＿＿＿＿＿＿＿＿＿

＿＿＿＿＿＿＿＿＿＿＿＿＿＿＿＿＿＿＿＿＿＿＿＿＿＿＿

42
企業變化的過程

遊戲介紹：

這一活動生動有趣，很吸引人。如果希望學員站起來活動活動。那也可以，但不宜當學員正在就公司發生的劇烈變動進行自我調整的時候進行（裁員、重組、兼併、收購、遷址、或其他任何公司裏發生的重大變化，因為這時候人們必須繼續在動盪不安中工作）。

本次活動開始前，將蝴蝶掛在牆上，把紗球拉成合適形狀。

遊戲人數：最適宜的人數是 10～20

遊戲時間：

1 小時。如果時間充足，不要限制提問和討論。

注意：本活動很容易變成一個 2 小時的活動。

🎯 遊戲方法：

· 討論
· 講故事
· 回顧
· 活動
· 比喻
· 演示

🎯 遊戲材料：

· 表示變化階段的標記
· 變化階段圖示
· 玩具毛毛蟲和蝴蝶
· 書寫架上夾兩張活動書寫紙：其中一張列出第二步毛毛蟲/蝴蝶矛盾的答案
· 標記
· 遮蔽膠帶或透明膠帶
· 氣球（長形，用以模仿毛毛蟲）
· 攤在地板上的、撕開的紗球，表示變化階段的形狀
· 索引卡

教室佈置：

大教室，足以容納表示變化階段形狀的紗球，學員可隨意坐在教室兩旁。他們以後需要站起來。

遊戲步驟：

第一步：提出以下問題：

· 「當我提到『變化』一詞時，你們心裏想到了什麼？」（在書寫紙上記下學員的回答）

· 「把變化分為個人變化和公司變化好不好？為什麼好？為什麼不好？」

· 「你們可能察覺到教室裏掛著一些蝴蝶。想一想為什麼要掛這些蝴蝶？」

· 「這裏有一隻氣球。請把它吹起來，把口紮緊。」（展示一些玩具毛毛蟲，看看有沒有人能把毛毛蟲和蝴蝶聯繫起來。）

· 「是的，毛毛蟲演變成蝴蝶。大家觀看過這一過程嗎？」

第二步：講述下列故事，討論其中含義：

兩條毛毛蟲坐在樹葉上說話。一隻漂亮的蝴蝶飛過來。一條毛毛蟲轉過身對另一條毛毛蟲說：「你永遠不能把我打扮得像蝴蝶那樣漂亮。」

請學員想一想故事的含義，尋找一些重要視角。鼓勵發言，並在一張書寫紙上記錄關鍵字。

「每當我請大家討論這個故事的含義時，我總是得到不同的回答，包括這張紙上寫的內容。」

把寫著下列內容的書寫紙展示給大家：

· 毛毛蟲不需要飛翔。他們已經有很好的基礎；

· 毛毛蟲能吃任何綠色的東西，隨處可以找到食物；

· 蝴蝶是毛毛蟲的下一代；

· 蝴蝶必須飛到各處。毛毛蟲能夠爬行和攀登；

· 蝴蝶比毛毛蟲更容易看到遠景；

· 我們可以試圖抗拒，但我們將承受壓力和困難；

· 要想成為蝴蝶，必須結束作為毛毛蟲的身份；

· 變化並不總是一個有意識的決定。變化總要發生，不可避免；

· 我們可以選擇積極參與變化；（也許不）

· 我們經歷不同發展階段，而蝴蝶是臨近死亡的階段；

· 規避風險很正常；

· 變化總是受到積極抗拒；

· 變化不可避免；

· 毛毛蟲不喜歡翅膀；

· 毛毛蟲一定討厭飛行，因為它們沒有試過。

所有人都能提出一些想法和可能性。大多數人可能會同意，成為蝴蝶是一種比保持為毛毛蟲的「更高級存在方式」。本故事還和一些關於變化的學習內容有聯繫。有什麼想法？

啟發大家說出下列想法：

· 儘管我們經常抗拒變化和風險，但變化不可避免；

· 變化總是要發生。我們可以選擇積極參與，也可以選擇隨波

逐流。假如選擇抗拒，就會承受壓力；

· 我們每個人都經歷過不少發展階段。這是一個不斷重覆的過程；

· 我們的可能性選擇永無止境！選擇一個變化是提高自己的重要一環。

不久前，一個熟人問我：「你知道毛毛蟲和蝴蝶的故事嗎？」我說我不知道。

然後他給我講了一個非凡的比喻。那真是一個象徵從個人變化到公司變化的絕妙過程。他說：「在從毛毛蟲變成蝴蝶的過程中，你只不過是一個黃兮兮、粘兮兮的東西。」

我們必須面對那種粘糊糊的東西，儘管大多數人認為那種東西令人很不舒服。我們必須經歷某些變化，必須經歷那種毛毛蟲本性越來越少。最終變成一隻蝴蝶的令人不舒服的過程。

「請相信，變革過程有些不舒服，並且在這一過程中需要一定程度的冒險。」

一個同事用非常簡單的方式作了解釋。她說：「變化只是瞬間，轉換是一個過程。所以，轉換需要我們付出時間和精力。」

第三步：介紹一個變化模型。告訴學員：「我現在講個人變化。個人變化通常是對危機的反應。許多學者在這方面有很多著述，但我首先想到的是威廉· 布裏奇（William Bridges）。有人讀過他的書嗎？他說，使轉換過程變得困難的是我們的反應和感情。」

「地板上有一個用紗球製作的『悲傷』循環。許多思想家和理論家認為，我們對變化的反應所經歷的階段很像死亡階段和伊莉莎白· 羅絲首次提出的那種垂死階段。」

「即使沒有讀過她的書，通過一起合作和討論完成這次練習後，大家一定能理解這一過程。現在給大家幾分鐘時間，把標記排放在教室四週，其順序代表你們認為的變化的發展階段。」

請大家注意預先放在教室兩旁的標記。它們沒有按順序擺放。現在請他們按他們認為的順序重新擺放。除非他們擺放的順序有嚴重錯誤，否則不要予以更正。重要的是大家在一起安排順序的過程。

（正確順序是：危機、震動、否定、氣憤、討價、內疚、驚慌、壓抑、順應形勢、接受現實、構造、機遇、進步與新方向）

第四步：請大家坐下來。然後說：「用幾分鐘時間在我發給大家的索引卡上記下 3 種你目前正在經受的個人變化。然後選擇一種你願意跟大家一起討論的變化。」給大家足夠時間。

第五步：接下來說：「請站起來走走。然後站在最能代表你在目前所經歷的某一變化中處於的階段的標記旁邊。準備和一個同伴對此進行討論。現在分成兩人一組。」

下面請各小組回答下列問題：

· 該變化是否來勢兇猛？你是否清楚你將走向何方？
· 你是如何離開原來的階段的？
· 當你離開一個階段，在到達下一個階段之前，發生了什麼？
· 你冒了什麼樣的風險使該變化發生？
· 你準備把什麼帶到下一階段？
· 你是否有到達下一階段的能力和技能？
· 為了繼續前進，你還需要什麼？

給大家足夠時間。

第六步：聽大家彙報，想辦法讓不善言語的人先說。

第七步：最後，問以下問題：「作為領導者，你如何使用關於個人變化的具體知識？你是否具備在公司變化中生存下去的所有能力？」請大家一起討論。

第八步：鼓勵學員在日誌或筆記中記下他們經歷一個變化的過程——例如今天談論的變化，或一個他們正面臨的變化。

第九步：領導者在處理變化時應做的幾件事情，如果你的學員不太健談，可考慮使用這些現成的建議。在每張索引卡上列印一個建議，讓學員隨意挑一張卡，談論上面的建議。

· 承認許多變化是無法控制的，它們是被強加的。談論一種這樣的變化；

· 分別指出你能控制和只能影響的事情、事件、感情和反應。什麼是合適的行動？

· 試圖理解正在被執行的變化及你本人對這一變化的反應，然後再設法讓別人理解你及你的反應。講述你何時使用了這一策略；

· 通過開發或加強你的支援網路來迎接變化。那些人最有可能幫助你迎接這一變化？

· 增強保持一個平衡、健康的生活方式的意識：心靈上、感情上、身體上和精神上。你準備走向何處？

· 試圖理解對變化產生恐懼、氣憤、惱怒的根源。討論你面對的問題之一；

· 有意識地制定一個計劃，來克服抗拒變化的原因，建立自己的優勢。不要老惦記失望和弱點。你能從什麼地方開始呢？

· 尋找接受變化的積極意義，而不是停留在過去或你所感受到

的任何負面含義。共用實例；

· 意識到變化總是要發生，不管你是否願意迎接它。你能做的積極的事情是什麼？

遊戲討論：

· 請大家思考：在個人生活和公司發展中，變化是一個重要因素
· 展示如何在思考問題時運用比喻
· 彙集關於變化的看法
· 提供變化階段的選擇
· 確認他或她所講的個人變化處於什麼階段
· 懂得風險是變化的一部份

心得欄

_____

_____

_____

_____

_____

_____

43
領導者的大膽冒險

 ## 遊戲介紹：

　　能冒險並能評估結果是否值得冒險是一項很重要的領導能力。在經營活動中，我們面對許多風險，經驗告訴我們，許多風險是可以轉移的，或風險的難度和危險性是可以降低的。本活動的練習旨在引導思考和討論在具體工作環境中那些風險最合適。

 ## 遊戲人數：不超過 20

 ## 遊戲時間：1 小時

遊戲材料：

- 講義 1：評價風險
- 講義 2：風險評價計劃
- 準備好的索引卡：冒險情景
- 書寫紙
- 標記

遊戲方法：

· 演示
· 討論
· 寫作
· 講故事

遊戲步驟：

第一步：提出以下情形（寫在索引卡上，每張卡寫一個步驟）：
為了你選擇的某一慈善事業，籌措 100 萬美元……
用以下語句結束：「這些都是程度不同的風險。請大家想一想，如果做些改變，有些冒險計劃是否能變得更容易完成。風險就是這樣。如果你不冒險，你就得不到回報。」
第二步：問學員，「風險」對他們意味著什麼。把答案寫在書寫紙上。可能的答案有：
· 儘管你的決策或行為可能帶來不良後果，你仍然採取行動；
· 對結果不明確，你仍然堅持做，這就是冒險；
· 有些風險大，有些風險小；
· 有些風險帶來獎賞和承認，有些風險帶來失敗和困惑；
· 有正面的風險，也有負面的風險。
所有風險至少有一個共性：它們教會你認識自己，認識在生活和工作上要獲得成功需要什麼，而這正是取得進步的重要因素。

提出下列問題供討論：

· 風險與你的舒適範圍有什麼聯繫？

· 怎樣擴展我們的冒險能力？

· 為什麼不多冒險？

確保學員提到以下觀點：

· 冒險使人感到不舒服；

· 人們害怕失敗；

· 他們邁不出第一步；

· 其他人也許憤恨他們的決定。

第三步：分發講義 1。然後談論高、中、低風險的提法。請學員在材料上寫下他們曾經冒過的風險（每種程度都有）。

講義 1：評價風險

1. 我冒了什麼風險？

2. 該風險是否和我的價值觀一致？

3. 我是否被迫冒險？

4. 有沒有其他選擇？

5. 這件事對我目前和未來的地位有什麼影響？

6. 什麼感覺驅使我冒那個險？

7. 冒險後，發生了什麼？

8. 什麼改變了？如何改變的？

---

9. 別人如何改變了？

10. 採取這一行動對我的公司帶來了什麼好處？

11. 從這次冒險中，我學到了什麼？

通過這次評價，我意識到，風險就是＿＿＿＿＿＿＿＿＿

解釋說你的話題是經營風險。「請提供經營風險的例子。想一想某一個時候你強烈支持某件事。你的動機也許是保護或防護自己、別人或你的信念。當你強烈支持某件事的時候，你就是在冒險，通常是一個個人風險，不管其結果體現在身體上、財務上還是感情上。注意：人們只有在強大力量的驅使下才會冒險。」

學員完成所有個問題後，請自願者交流他們自己曾經運用的特別策略。

然後問：「冒險的好處有那些？」鼓勵發言，答案可能有：

· 學會拉伸目標；

· 確定目標有助於解決問題，而不是相互指責；

· 確定目標就是精心計劃，這樣就使人更自信地冒險；

· 當你確定目標時，你就能在以往成就上繼續提高；

· 探索新機會；

· 認識自己；

· 冒險帶來的成功能增強你的信心和決心。

第四步：解釋說，大家可能都知道下述事實，討論以下區別：

· 一個人認為開車是冒險，另一個人認為開飛機更危險；

· 有些人不害怕攀岩和滑雪；

· 人們對投資有不同的態度。

第五步：對學員說，有些風險人人都願意冒，有些風險大家都不想冒。這就是今天上課的重點。

第六步：把學員分成 2 人一組，發放講義 2。

請每個小組閱讀材料上的問題，每人確認自己願意做的事情。（一個講，一個記）

10 分鐘後，轉換角色，用 10 分鐘重覆以上內容。

然後請兩人互問：

· 如果採取這一行動，你害怕什麼？你如何克服這種恐懼？

· 你如何用你的知識和過去的經驗處理這一風險？

· 你最善於處理什麼樣的風險？

· 你可以做什麼樣的準備工作來降低風險程度？

· 要取得期望的結果，可以使用那些額外策略來克服障礙？

· 我們兩個人如何成為互助小組？這樣做有什麼好處？

講義 2：風險評價計劃

風險是：＿＿＿＿＿＿＿＿＿＿＿＿＿＿＿＿＿＿＿＿

1. 此風險是否與我的價值觀一致？

2. 我是否被迫要冒這個險？（如果是，誰強迫你，原因是什麼）

3. 我有沒有其他選擇？

4. 這次冒險將對我的未來帶來什麼影響？

5. 如果不冒這個險，會發生什麼？

6.什麼感覺驅動我去冒這個險？

7.冒險後，將發生什麼？

8.什麼會發生變化，怎麼變？

9.對其他人將產生什麼影響？怎麼影響？

10.冒險後，我的公司或我本人將得到什麼好處？

11.冒險後，我對自己會有什麼感覺？

12.回答上述問題後，我發現＿＿＿＿＿＿＿＿＿＿＿＿

冒險行動結束後，回答下列問題：

1.冒險後，確實發生了什麼？

2.作為冒險的結果，什麼發生了變化？怎麼變的？

3.冒險後，我的公司或我本人得到了什麼好處？

4.冒險後，我現在對自己會有什麼感覺？

5.從這次冒險經歷中學到的東西那些可以用到其他環境中去？

6.完成這些問題後，我現在明白＿＿＿＿＿＿＿＿＿＿＿＿

第七步：全班討論，為什麼在冒險方面男女有別。

對大家說：

許多女性說，她們對冒險感到很不舒服。但是，許多男性認為，冒險或支持自己確信的東西是一件讓人感到很強大和興奮的事情。

如果你對自己的觀點辯護進行了充分準備，如果你能控制大局，如果你能就事論事，那麼，在對立的辯論中，你將得到尊重。記住，男人似乎有冒險的「預設流程」，但每個人必須理解，一定要就事論事。這不是個人的事情。不管男性還是女性，如果不願意冒

一定的風險，就會在事業道路上處於劣勢。許多人力資源專家說。妨礙女性冒險的因素往往來自內部，而不是外部。女性總是自己悄悄接受批評。如果有值得一說的東西，不管男性還是女性，都應該在開會時說出來。這樣做也許有些不舒服（風險），但這種感覺能克服。

大家聽說過「欺詐綜合症」嗎？有些人不對自己做客觀評價。他們害怕別人發現他們不是那麼聰明、那麼有能耐、那麼……（你自己填寫）。但是，有些身居要職的人並不十分清楚他們在做什麼，也不清楚他們是怎麼升上來的。這可能會讓你大吃一驚吧。

「如果你被要求負責一個新項目，或擔任一個新職務，請仔細想想。如果人家認為你不行，他不會把項目交給你。」接著說，「注意，我並不是讓你毫無顧忌。有雄心不等於冒大險。我的意思是要拉伸自己的期望值，然後用相關工具和資源去解除宏偉目標中的風險因素。」

拉伸的期望值是什麼？

降低風險因素後，其風險程度怎樣？

「越能評價風險，就越能冒更多的風險。許多公司把冒險看成與創新和發展一樣重要。經過細心分析的風險當然要冒，但公司的將來並不是簡單地靠越來越多的冒險家。未來更多的是依賴為宏偉大計降低風險因素，而不是僅僅進行風險投資。」

第八步：結束本次活動：

「你有了一個冒險的計劃，那就執行你的計劃吧。打電話把進展告訴你的同伴。找機會見見面，回顧一下材料上的問題。請互相支持。祝好運！」

作業嚮導——冒險情景

· 「第 18 大街上的阿莫科大廈和廣場大廈之間有一條拉緊的鋼索,你願意從一頭走到另一頭嗎?」(請用你所在城市的大樓舉例,並討論回答)

· 「假如給你錢呢?」(鼓勵發言)

· 「假如 18 層樓下有安全網呢?」(鼓勵發言)

· 「假如除了安全網之外,鋼索實際上是一條 6 英寸寬的平板呢?」(鼓勵發言)

· 「除了安全網和平板,你身上還系著安全繩。落下幾英尺後,安全繩就會拉住你。給你 100 萬美元,你幹嗎?」(鼓勵發言)

· 「除了以上條件之外,在你走的時候,一個飛人拉著你的手。你願意冒這個險嗎?」(鼓勵發言)

 ## 遊戲討論:

熱烈討論風險的種類和程度;認識到某件事對一個人是冒險,但對另一個人可能易如反掌。

44

你的領導品德

 ## 遊戲介紹：

本活動是要促使領導者弄明白，他們擁有的那些品性能幫助他們在實施對別人的領導時做到稱職，提供他們認識某些品之功能的機會。理想的做法是，你在培訓課程早期進行本活動，以使學員有機會向非常瞭解他們的人去證實各人的自我感覺，然後把這一資訊帶到課堂上來。

有一點要注意，也許有些人不願意公開談論他們的品性，這就是為什麼第三步的活動只與一位搭檔合作的原因。第三步（B）中的問題可以用假設的情形開展討論，從而無需學員承認自己的不足。

 ## 遊戲時間：80 分鐘

 ## 遊戲方法：

· 自我評估
· 討論

遊戲材料： 講義：你的個人品性
寫字板和標識筆

 遊戲步驟：

第一步：概述

A.介紹主題：「本活動的重點是探討你們的 12 種品性，把它們與對領導力的研究中所獲得的發現相比較。」

B.概述：「你們將與一位搭檔交流你們的自我評估，然後把這一評估與別人對你的感覺作比較。」

第二步：目的

「本活動的目的是將人的品性與研究者們提及的那些為稱職的領導者所具備的品性作一比較。」

第三步：品性的自我評價

A.請學員們組成搭檔，面對面相向而坐。

B.分發講義，給出指令：「別人將要求你按照分發材料上所列的項目反思自己的品性。」概述以下諸品性：

· 積極的自我印象

· 自我尊重

· 自我約束

· 正直誠實

· 言行一致

· 有責任心或可信賴

· 聰明智慧

· 有很強的道德意識

· 熱愛生活

· 有追求成功的強烈願望

· 積極的人生態度

· 注重鍛鍊身體

指導學員結成對子。「在別人傾聽、做記錄和提出問題的時候。你要決定你們將首先討論你的那一方面品性。」

給學員幾秒鐘做決定。

「在輪到你說的時候。請對自己在以上 12 個方面的情況用 1～10 分進行評估。對你作的每一項自我評估都請舉一具體事例。例如，你或許會給自己在積極的自我印象這一項上打 7 分，並解釋說：一般說來你對自己感覺良好，但當你某件事做得不順利或未按時完成時，你可能就會對自己感到不快。請簡單闡述你的自我評估及其理由。以確保你對以上 12 個方面都能顧及到。」

「你將有 15 分鐘的發言時間，你的搭檔會記下你的分值和理由。」

C.掌握時間進度，宣佈搭檔轉換角色的時間。再給另一位學員 15 分鐘時間。

D.討論：

⑴稱職的領導者是否需要具備以上所有這些品性？

⑵一位領導者為發展這些品性應該做些什麼？

第四步：證實你的自我評價

A.說明把學員的自我評估和其他與他們一起工作和生活的人

的感覺進行比較的意義。這種比較能提供有關他們的自我感覺如何與別人的感覺相吻合的寶貴回饋。

B. 分發講義的複印件。讓學員再做幾份複印件並請一些他們認識的人以 1～10 的分值打分評估。

C. 在以下活動中，讓每對搭檔的學員交流他們各自從別人對他們的感覺中所發現的新東西。

第五步：未來發展計劃

A. 學員應與自己的搭檔一起探討，什麼品性是他今後應當關注的，為了發展這些品性，他們應當做什麼。

B. 全組一起討論發展這些品性的方法。學員將會有許多他們獨到的見解。

第六步：總結

A. 總結本次活動。

B. 轉換到下一次活動內容。

講義：你的個人品性

說明：用 1～10 分作自我評估。1 分意味著你根本不具備這一品性，10 分意味著你在所有時候都能表現出這一品性。

　　　　　　　　　　　　　　　　　得分

· 積極的自我印象　　　　　　（　　）

· 自我尊重　　　　　　　　　（　　）

· 自我約束　　　　　　　　　（　　）

· 正直誠實　　　　　　　　　（　　）

· 言行一致　　　　　　　　　（　　）

· 有責任心或可信賴　　　　　（　　）

· 聰明智慧　　　　　　　　　（　　）

· 有很強的道德意識　　　　　（　　）

· 熱愛生活　　　　　　　　　（　　）

· 有追求成功的強烈願望　　　（　　）

· 積極的人生態度　　　　　　（　　）

· 注重鍛鍊身體　　　　　　　（　　）

 ## 遊戲討論：

　　將人的品德與稱職的領導者所具有的品德進行比較。

45
回味領導過程

 ## 遊戲介紹：

本活動需要學員寫出自己的回答。你要給他們足夠的時間去思考和寫，因為也許他們不能立刻記起什麼時候是他們領導別人的最佳時期。

學員也許會對與別人分享自己的個人經驗感到猶豫。本活動需要先讓他們在一個小組裏進行交流，然後再在全班範圍內徵求意見。

遊戲時間：35～40 分鐘

遊戲方法：討論

遊戲材料：

· 寫字板和標識筆
· 鉛筆和紙

遊戲步驟：

第一步：概述

介紹主題：「本活動的重點是請你們回顧自己非常稱職地領導別人的那段時光。我們常常做得不錯，但卻不花時間去想想我們所做的事，這樣可能就難以再次自覺地仿效這些做法。」

概述：「請你們多花一些時間寫，然後與別人進行交流。」

第二步：目的

「這一課的目的是回顧學員在稱職地領導別人那段時光裏的狀態，並且評估你們在這段領導別人的最佳時期內所做的事。」

第三步：反思和寫

給出指令：「反思你們非常稱職地領導別人的那段時光。拿著紙，去一個安靜的地方，寫下你們能回憶起的有關那段自己處於最佳狀態時光裏的一切。回來時你們要在小組內討論自己經歷的事。然後你們一起看看在那些情況下發生了什麼變化，有些什麼舉動。請大家掌握時間，20 分鐘後返回。」

掌握時間進度，提醒學員返回。

給出指令：「組成 4～6 人的小組，在此範圍內討論你們寫的東西。指定一個人按照下面兩個問題做記錄：

⑴在上述情形中出現了什麼變化？

⑵領導者有些什麼舉動？」

在全班範圍內徵詢學員討論的想法，並寫在寫字板上。

第四步：配合進行其他活動

　　一個選擇是介紹庫塞斯和波斯納的研究成果，或者概述在活動 5 中提及的其他領導模式。

　　將學員關於他們自己的觀察和對其他稱職的領導者的觀察聯繫起來，將你們課堂上將要談到的那些技能和內容聯繫起來。

　　第五步：總結

　　總結本次活動，並轉換到下一次活動內容。

 ## 遊戲討論：

· 反思在學員們稱職地領導別人的那段時光
· 評估在這段領導別人的最佳時期內他們所做的事

心得欄 _____
_____
_____
_____
_____

46

是否具備創新特質

 遊戲介紹：

　　稱職的領導者是勇於承擔風險。他們挑戰現存制度以創造新產品和新機制，提供新服務。他們是勇於探險的人，始終探索新方向和新觀念。這些領導者善於從承擔風險時不可避免地會發生的錯誤中學習。

　　在上課的教室裏來激發試探性行為可能是困難的，但是如果學員將這種經驗運用到他們的工作過程中卻是有用的。

　　如果情況不允許他們走出上課的教室，那麼就設計一些問題，提出這些問題是有風險的。讓學員站起來走走，互相提出這樣的問題。

 遊戲時間： 80 分鐘

遊戲方法： 討論

遊戲材料： 寫字板和標識筆

遊戲步驟：

第一步：概述

介紹主題：「本活動的重點是嘗試做某件新事。在以下 15 分鐘時間裏，我想請你們找一位搭檔，離開這間屋子，去嘗試做兩件新事：

⑴走向陌生人問他們，能否借給你什麼東西（除了錢），或者告訴你（姓名之類困難的事情）。

⑵橫穿這棟房子，進入一間你沒有去過的房間，詢問屋裏的人，他們在做什麼，他們是否喜歡自己的工作。」

第二步：目的

「本活動的目的是分析人們嘗試某件新事物的願望，並證實創新是稱職領導者身上發現的關鍵技能。」

第三步：開始本活動

A.在學員離開房間期間，重新安排屋裏的擺設和他們的筆記本。

B.當學員回來的時候，他們將為自己的探索經歷而激動，隨後發現一個重新安排過的世界。可預見的混亂！給他們時間去尋找自己的地方和東西。

C.討論：

⑴你們的感覺如何，在我給出指令的時候你們是怎麼想的？

⑵在你們照這些指令去做的時候發生了什麼？

⑶別人對你們的反應怎麼樣？

⑷回來面對一個佈置不同的房間，你們的反應是什麼？

第四步：交流外出的經歷

A.請學員組成搭檔，面對面相向而坐。

B.給出指令：「思考一下你帶領作一次探險、徒步旅行或進入一個陌生地域旅遊時的情形。講一講在你與自己以往做事方式徹底告別時的情形。說出一個這樣的時刻，你做了一件過去從未做過的事。或走到了一個尚未有人發現的地方。

「你們每人有 7 分鐘時間，向自己的搭檔講述一切你能記起的有關那一類經歷的情況。在另一個人傾聽、提出問題的時候，請確定你們將先討論你的故事的那一方面。」

給他們幾秒鐘考慮一下，決定誰先開始。

C.掌握時間進度，宣佈他們互換角色的時間。

D.從學員的實際生活經歷中徵詢事例，把他們在經歷這些風險或進行探險過程中的共同之處列出來。提問：「如果你再進行這個活動，你會採取什麼不同做法嗎？」

E.將學員的經驗與領導力聯繫起來。聯繫對稱職的領導者是如何進行試驗並應對風險的研究中的發現。領導者挑戰現存制度以便創造新產品、新機制，提供新服務。他們是探險型的人物，總是在嘗試新方向。這樣的領導者善於從承擔風險時不可避免地會發生的錯誤中學習。

第五步：將理念付諸實踐

A.要求每一對搭檔寫出一些點子，就是類似於在本活動的引導活動中讓別人去做可能具有風險或冒險性的事情那一類點子。這類

活動必須是在下一時間段內就能進行的，並且是在培訓所在地就能進行的。

B. 搜集大家出的點子，把它們混放在一個帽子裏。為了增加風險，每個人都要選一項。請學員討論在他們知道自己必須單獨進行這項活動時的感覺如何。

C. 讓學員照這些點子做，然後運用以上在第三步中提出的問題重新安排活動。

第六步：應用和總結

請學員寫出一個他們需要進行試驗的領域，一項他們需要應對的風險，或一次他們要去領導的開創性歷程。

讓學員與其搭檔一起進行討論，互相給出回答。

總結本次活動，並轉換到下一次活動內容。

 遊戲討論：

· 分析學員嘗試某件新事物的願望
· 證實創新是從稱職的領導者身上發現的關鍵技能

47

領導者應對風險的方式

 ## 遊戲介紹：

在面對風險的時候，領導者不同於管理者。稱職的領導者已經養成了應對風險的能力，分析過他們過去應對風險的時候做得是否恰當，並且在做好適當準備後他們隨時願意應對風險。

 ## 遊戲時間：60 分鐘

遊戲方法：討論

遊戲材料：

· 講義 1：風險圖表
· 講義 2：應對風險的計劃
· 寫字板和標識筆

遊戲步驟：

第一步：概述

介紹主題：「本活動的重點是要探索你是如何應對風險的，並把這種意識運用於你的領導方式之中。你每天要面對風險，但也許尚未對此作過思考。例如：

· 開車來參加培訓或去上班

· 在餐館裏吃飯

· 確定穿什麼衣服

· 對部屬提出批評

· 對資源分配做出決定

· 處理兩位僱員之間的衝突」

「領導者需要面對許多風險，並且在風險來臨的時候給部屬樹立自信的榜樣。」

第二步：目的

「本活動的目的是分析人們應對風險的方式，評估每一個潛在風險的量級，衡量每一風險的正反兩面，弄清為什麼應對風險對領導者而言是很重要的。」

第三步：逐步升級的風險活動

A.讓學員組成 6～8 人的小組，安排他們面對面相向而坐或圍坐在桌子旁邊。

B.給出指令：「我會給大家一些在小組裏進行討論的題目。討論沒有組織者。

你們每個題目只有 2 分鐘，用這一時間交流你們關於該題目想說的一切。」

C.以下每一題目一次只講一個，掌握好 2 分鐘的時間限制。即使問題沒有討論完也會被打斷轉入下一題目：

⑴告訴大家近來使你感到高興的一件事。

⑵從你的皮夾子或錢包裏取出一樣東西，談談關於它的事兒。

⑶談談使你感到窘迫的時候。

⑷談談你對工作感到非常生氣的時候。

⑸談談你感到非常害怕的時候。

⑹說一件對你所在小組的某人有益的事。

⑺站起來，說說關於你自己的好話。

⑻問問人家他們去年掙了多少錢。

⑼談談你對性的看法。

你邊提出這些題目邊觀察學員的反應，以使你此後能給他們做出回饋。

這些題目的排列其風險程度逐步提高，前面的題目人們通常感覺風險程度較低，後面的題目則風險程度較高。

D.徵詢一下有多少人認為題目　或　相比於題目⑻或⑼討論起來更困難。

要說明風險一般分為低、中和高幾等，對風險程度的感覺具有個體差異。

第四步：風險的圖表

A.分發講義 1，指導學員填寫圖表：

講義 1：風險圖表				
什麼風險	我在經歷風險之前、期間和之後有何感覺	我得到了什麼	我失去了什麼	我不得不做出的選擇或可能使用的方法
工作 高風險 生活				
工作 中量級風險 生活				
工作 低風險 生活				

「回憶你在工作中經歷的 3 次風險和在個人生活中經歷的 3 次風險，其等級分屬於低、中、高，把它們寫在『什麼風險』這一欄裏。」

「下一步，再填其他欄目。」

B. 讓學員分成 4～6 人的小組，討論以下問題：

⑴ 你是否經常面對每一量級的風險？

⑵ 每一量級的風險有什麼不同？

⑶ 你在經歷較高量級的風險之前、期間和之後有什麼樣的感覺？

⑷ 你在應對較高量級的風險前，考慮多少種不同的選擇，搜集些什麼資訊？

C.在全班範圍內徵詢對這些問題的回答。

第五步：置風險於實踐之中

A.討論有關應對風險的以下各要點：

⑴儘管我們很少遇到高量級的風險，但它構成我們日常生活經驗的組成部份。

⑵我們可以從以往應對風險的經歷中學習。

⑶在應對風險前，我們應該考慮它的兩面性。

⑷我們應該評估將要產生風險的環境。

⑸在應對風險前要搜集足夠的資訊。

⑹作為領導，我們必須在應對風險時增強自信，為跟隨我們的人樹立行動的楷模。

B.分發講義 2 並作簡單介紹。給學員時間去制定一份計劃，以應對他們將來可能面臨的風險。

C.在學員完成其作業後，讓他們與一位搭檔或在其小組內討論他們應對風險的計劃。

講義 2：應對風險的計劃

列出幾項你近來正面臨的風險，或者預計在不遠的未來將面臨的風險：

1. _____

2. _____

3. _____

選擇以上所列的一個風險，你願意以此為例來回答下列這些

問題：

    1.什麼是風險？它屬於那一量級的風險？

    2.你想要的結果是什麼？

    3.面對這一風險你擔憂的是什麼？

    4.如果你承受這一風險，你將得到什麼？

    5.如果你承受這一風險，你將失去什麼？

    6.你如何能將可能的損失降低到最小程度？

    7.在應對這一風險時你作了什麼選擇？

    8.你如何能將這一風險由較高量級降為較低量級？

行動計劃：

_____

支持：

_____

第六步：總結

A.總結本次活動。

B.轉換到你的下一次活動內容。

 遊戲討論：

· 分析領導者應對風險的方式

· 評估每一個潛在風險的量級

· 衡量每一風險的正反兩面

· 弄清為什麼應對風險對領導者而言是很重要的

48

領導者對變化的感覺

- -

 ## 遊戲介紹：

　　稱職的領導者從容面對變化。事實上，他們期盼變化將導致機遇的降臨。他們從其過去謀求變化的經歷中學習，並把這些經驗運用於應對未來的變化。

　　本活動旨在幫助學員更好地認識他們自己對於變化的態度，如果必要的話則調整其態度。一旦領導者認清了他或她對於變化的態度，他或她就會幫助別人調整他們對變化的態度。

遊戲時間：45 分鐘

遊戲方法：討論會

遊戲材料：

- · 講義：9 個圓點
- · 寫字板和標識筆

遊戲步驟：

在學員離開教室時，要重新安排室內擺設，移動他們的桌子標牌。

第一步：介紹、目的和概述

A.當學員回來時，不給他們做任何說明。觀察他們的反應和他們揣測這一新情況的方式。

B.請他們談談發現房間重新佈置和他們的地方被移動後的感覺。

C.介紹目的，並對本活動作一概述：「本活動的目的是分析人們對變化的態度，以及用這一意識去幫助別人應對變化。我們將開展兩個活動以弄清你對變化的看法，然後我們將討論如何運用你從自己領導別人的經歷中學得的東西。」

第二步：9 個圓點

A.分發講義，要求學員嘗試自己解決這一問題。（如果有誰以前曾見過這一練習，則要求他看別人做。不要出聲。）

B.當大家受挫程度足夠高時，讓他們相互幫助以求解決問題。

C.或者等待某人找到解決辦法，或者將答案告訴他們。（答案：線條一定要走 9 個圓點想像中的邊緣的週邊。）

D.討論：這一練習對我們認識變化有什麼教益？

E.讓學員起立在另一張桌子尋找新搭檔。討論在剛經歷第一個變化 10 分鐘後，又被要求做另一次變化練習有什麼感覺。

講義：9 個圓點

●   ●   ●

●   ●   ●

●   ●   ●

用 4 條直線把所有這些圓點聯起來，不能提起你的筆或有任何線條相重疊。直線可以相互交叉。這是可以做到的！

第三步：改變外表

A. 讓學員與新搭檔一起安排他們的座椅，面對面相向而坐。

B. 給出指令：「現在轉過你們的椅子。相互背靠背坐。悄悄地在你的外表上做 5 處變化，別回頭。」

C. 當大家都準備好後，請他們起立，面對面，說出自己的搭檔在外表上的 5 處變化。

D.「現在請坐回你們的椅子，悄悄地在自己的外表做 5 處變化。」

E. 在大家都準備好後，請他們轉過身，面對面，說出自己的搭檔在外表上的另 5 處變化。

F. 注意：你可以進行多輪這樣的活動，每次變化亦可多於 5 處。

G. 討論：

(1) 你感覺如何？當我給大家初次指令時你在想些什麼？給下一輪指令時又在想些什麼？

(2) 你根據這些指令做了什麼？

⑶你週圍的人是如何幫助你解決這一問題的？

⑷本活動對我們認識變化有什麼教益？

第四步：這些活動的實際運用

A.要求學員與他們在第三步活動中的搭檔一起討論下列問題：

⑴近來你不得不面臨的變化是什麼？你對它的感覺如何？

⑵在變化中你採取了那 3 種行動？

⑶你對待變化的一般態度是什麼？

⑷你對於變化的態度需要做什麼調整？

B.徵詢一些他們的個人觀察資料。

C.全班一起討論，當我們領導的人必定要面對變化的時候。如何運用這些觀察資料。

第五步：總結

A.總結本次活動。

B.轉換到你的下一次活動內容。

 遊戲討論：

· 分析人們對變化的態度

· 運用這種認識幫助別人面對變化

49
記取教訓

 ## 遊戲介紹：

提出創意是有關領導力的重要領導行為之一。深入研究顯示，首先回顧過去的人比他們先去展望未來能夠將其創意投注到更遠的將來。這種現象印證了所謂「單面鏡假設」，即「我們反觀自己的世界，人的所有認識均起源於反思和追溯。」

另一方面，領導者也需要提醒學員，他們過去發生的一切不應該妨礙其未來。要激勵學員克服「我們都已經嘗試過了」這種綜合症，轉而問自己「過去教我懂得了什麼？」「我學到了什麼？」

 ## 遊戲時間：90 分鐘

遊戲方法：

· 介紹
· 討論

遊戲材料：

· 寫字板和標識筆
· 捲紙
· 粘貼紙條

 ## 遊戲步驟：

第一步：概述

A. 介紹主題：「提出創意是大多數有關領導力的著述和研究者所提及的重要領導行為之一。深入研究顯示，首先回顧過去的人，比他們先去展望未來能夠將其創意投注到更遠的將來。這種現象印證了所謂『單面鏡假設』，即「『人的所有認識均起源於反思和追溯』。」

B. 概述：「你們要把注意力集中到自己的過去，把你們從生活裏有意義的事件中學到的一些東西運用到自己的未來。

第二步：目的

「本活動的目的是認識在創造未來之前反思過去的價值，並將這一過程運用於提出個人和團隊的創意。」

第三步：回顧過去

A. 給每位學員發一本粘貼紙。要求他們寫下 10 件在其生活中發生的有意義的事，每件事記一頁。讓學員記下每件事發生的大致日期或時間範圍。

B. 下一步要求學員按時間順序把他們的紙條排好。

　　C.讓學員對每一事件以 1～5 分進行評估，評為 5 分的事件表示它至今對他們還有重要影響，評為 1 分的事件表示今天對他們已經沒什麼影響或根本沒有影響。

　　D.在牆壁上貼一大張紙，在紙上劃一條橫線。徵詢記錄中最早一天的日期，把它寫在橫線左端的上方。要求當事人說出這一事件的名稱及其評估分，然後把這張紙條貼在該日期旁的橫線上。

　　E.徵詢排在後面一天的重要事件，標上事件名稱，並貼在大紙上。依此類推，從每一位學員處搜集每一事件。有些人會有發生在同一時間的事情。

　　F.帶領一個小組討論回顧過去的價值，看看我們學到了什麼。你或許應該引進以下這些觀點：

　　⑴當我們面對未來的時候，我們能夠避免重犯以前犯的錯誤。

　　⑵我們知道自己的能力和局限。

　　⑶我們知道有些東西以前有用，未來或許還有用。

　　第四步：往前看

　　A.向學員說明，他們可以運用從自己的過去學到的東西來展望未來，提出他們對未來的創意。例如：

　　⑴在展望未來之前，先確定現在需要的是什麼。

　　⑵挑一個安靜、沒有干擾的地方以反思過去。

　　⑶帶著相似的問題反思你過去的經驗。

　　⑷弄清楚你從自己的過去學到了什麼。

　　B.讓學員組成搭檔，循著以下幾個方面一起努力：

　　⑴轉而交流他們現在希望確定的問題。

(2)轉而交流以前那些最有意義的事情以及他們相互間學到了什麼。

(3)一起努力想像未來,將過去的經驗用於現今的問題。

第五步:應用

與學員一起討論:如何與自己的同事或團隊利用這種時間段的概念去提出對未來的創意。

(1)同事或團隊成員創造一種關於其組織經歷的事件的歷史概念。

(2)由於加上了日期,每個人都能清楚地說出他們到達那天的日期。由於每人提供了一個新日期,關於事件的集體認知就被喚醒和共同接受。

(3)在時間界限確定後,小組成員討論他們從其集體的過去經歷中發現和學到了什麼。

(4)下一步,學員就能形成他們的創意及其表達方式,像在下次活動——「組織或團隊創意的表達方式」——中描述的那樣。

第六步:總結

總結本次活動,並且轉換到下一次活動內容。

 遊戲討論:

· 認識在創造對未來的創意之前反思過去的價值
· 將這一過程運用於提出個人和團隊的創意

50

必須擁有傾聽的能力

 ## 遊戲介紹：

稱職的領導者是出色的傾聽者。

將傾聽的技能納入你培訓領導者的設計中，這看來似乎是很基本的，大家會樂於引到自己傾聽能力的提高，尤其是如果你向他們強調這樣做對他們有好處的話。

 ## 遊戲時間：45 分鐘

 ## 遊戲方法：

· 介紹
· 演示

遊戲材料：講義：顯示你正全神貫注

遊戲步驟：

第一步：概述

A. 介紹主題：「本活動的焦點是有關傾聽這一重要的溝通技能。」

B. 概述：「你們將與自己的搭檔一起分析和練習各種傾聽技能，然後參加一次有關怎樣將這一技能用於領導的小組討論。」

第二步：目的

「本活動的目的是演示關注的動作，練習做覆述。」

第三步：專注傾聽的技巧

A. 分發講義。解釋講義上的資訊，簡單地進行討論。

展示一個肢體動作，顯示一個人正集中注意力（身體前傾，輔之以眼神接觸）。

B. 練習傾聽

⑴讓學員組成搭檔，調整座椅以使他們能顯示出自己正集中注意力。

⑵給學員出一個話題，諸如：「我最喜歡自己工作的什麼方面」或者「我喜歡如何打發我的時間」。讓學員對自己的搭檔就一個他所選的話題談3分鐘。

⑶傾聽者可以要求對問題做出解釋，但必須始終表明他或她正在注意傾聽。

⑷待時間到後，請配合的雙方做一思考，然後相互交流對以下這些問題的回答：

對說話者的問題是：「當別人以那種方式聽你說話時，你的感覺如何？」

對傾聽者的問題是：「傾聽別人談話易在何處或難在何處？」

⑸在全班範圍內交流各自的一些觀察。

第四步：練習做覆述

A.徵詢有關覆述的定義。回答：用你自己的語言覆述別人說的話，既準確地表達了原義又對它做了說明。向說話的人證實你覆述的準確性。將有助於你確定自己究竟是否是一個好的傾聽者。

B.討論覆述的價值：

‧ 對說話人的講話內容做說明

‧ 在說話人語無倫次的時候，覆述是有益的

‧ 在說話人給出相互矛盾或複雜難懂的資訊時，覆述是有益的

‧ 對說話的內容需要有更好的理解時，覆述是有益的

C.介紹「覆述接龍」的練習。

「當我們試圖傾聽的時候。要做到自始至終都集中注意力是有困難的，因為我們或許正在考慮我們該做些什麼，或者在思考正談到或看到的事情。想一想最近一次你本該全神貫注但卻走神分心的經歷。」

「為了做覆述練習，你們要組成若干 4～6 人的小組。」

「我將描述一個場景，那時我沒有集中注意力去傾聽。在我舉出自己的事例後，你們小組中的一個人，就是坐在小組組織者右邊的那位，要向自己所在的小組覆述我的情況。然後這個人要舉出一個他自己的事例。」

「坐在他右邊的那個人隨後覆述第一個人說的話（我說的話不能在討論中重提）並且詢問大家自己的理解是否確切。在得到回答後，第二個人敍述他的事例。」

「組織者應該使這一過程不斷進行下去。這種練習要持續到小組每個成員都輪到一次，組織者覆述最後一個事例，並舉出他自己的事例。記住，你只需要覆述坐在你左邊的那個人舉的事例。」

D.引導學員返回到他在傾聽活動期間的搭檔。要求學員互換角色，以便說話者轉為傾聽者。給 3 分鐘時間，使新的說話者就一個新的話題交流他或她的想法，例如：「我發現自己工作中的最大困難是什麼。」

待 3 分鐘時間過去後，要求傾聽者覆述他或她所聽到的內容。然後要求說話者指出這一覆述的確切程度，並作必要的糾正。

E.圍繞以下問題對覆述展開討論：

(1)是什麼使覆述變得困難？回答：當我們應該傾聽的時候，我們實際上在提前思考我們要說些什麼。這樣覆述就變得困難了。

(2)你應該在什麼時候對談話內容做覆述？回答：當某人語無倫次的時候。

(3)如果你沒有確切地覆述談話內容時，你應該做什麼？回答：承認你分心了或者要求說話者重覆一遍所說的內容。坦陳自己被搞糊塗了，並且詢問是否有誰也是如此。

第五步：應用於領導

討論：怎樣將注意傾聽和覆述應用於學員的領導工作中去？

第六步：總結

A. 總結本次活動。

B. 轉換到你的下一次活動內容。

講義：顯示你正全神貫注

領導者該做的：

· 調整自己的肢體以使你面對小組所有成員

· 對每個人微笑

· 在別人說話時認真地傾聽

· 保持眼神接觸

· 肯定地點頭

· 與小組所有成員交談

· 用眼睛持續地掃視大家

領導者不該做的：

· 背對小組的部份成員

· 皺眉或者看上去很嚴肅

· 在小組成員說話時亂翻紙張或看手錶

· 回避眼睛接觸或瞪著別人

· 無動於衷

· 只與一些人說話

· 過於匆忙地掃視

 ## 遊戲討論：

· 練習專注地傾聽

· 練習如何覆述

51

要授權於部屬

 ## 遊戲介紹：

在學員對動機有所瞭解之後，領導者就要考慮以下問題的準備，即他們現行的委派任務的方式以及怎樣為恰當地委派任務開展組織工作。

 ## 遊戲時間：50 分鐘

遊戲方法：討論

遊戲材料：

· 講義 1：你委派任務的方式是什麼？
· 講義 2：委派任務的步驟
· 講義 3：責任的分解
· 寫字板和標識筆
· 若干張紙條

遊戲步驟：

第一步：概述

A.介紹主題：「本活動的重點是有效地給僱員委派任務。」

B.概述：「你們將有機會認識你們給別人委派任務的方式。我們還將分析委派任務的步驟，並且把它們應用到你們的工作中去。」

第二步：目的

「本活動的目的是分析你委派任務的方式，學習和應用委派任務的步驟。」

第三步：把任務分掉

A.給出指令：「我將給你們幾張紙條。請把 3 項不同的任務寫在你『要做』的紙條上，這些任務是你樂意委派給別人的。」給學員完成這項任務的時間。

B.在教室中央放一隻廢舊的籃子。要求學員將紙條折好，把它們扔進籃子裏。

C.討論將某些任務分派後的感覺如何。說明，當我們委派工作時，我們是在將任務分給別人，這將使我們空出一些時間。

第四步：委派任務的方式

A.說明：在計劃該採取怎樣的委派任務方式以前，我們必須懂得，我們現在是怎樣給別人分派工作的。分發講義 1，要求學員按講義上的提示靜靜地完成作業。

B.請學員與其搭檔討論他們自己委派任務的方式。

C.全班一起討論委派任務的方式。

第五步：委派任務的步驟

A.介紹委派過程的 7 個步驟，如講義 2 所顯示的那樣：

⑴評估委派任務的氣氛。

⑵寫出目標。

⑶評估可能接受這些任務的僱員的技能和態度。

⑷制定策略。

⑸交代任務。

⑹掌握這些僱員是如何對待任務的。

⑺評價策略和僱員的工作。

B.要求學員填寫講義 3。在他們填完後，要求他們與自己的搭檔一起討論這份講義。

第六步：進一步應用

A.和學員一起探討委派任務在其他領域的應用，例如在社團和家庭中的運作方式。

B.討論他們怎樣能夠對其上司應用這一模式。

第七步：總結

A.總結本次活動。

B.轉換到你的下一次活動內容。

講義 1：領導者如何委派任務			
1.當我希望做好某件事的時候，我就親自做。	偶爾	有時	經常
2.在每一工作日或每一週開始的時候，我有一份行動計劃，它為我的部屬提出需要完成的任務。			
3.我發現自己為工作瑣事所糾纏，以致沒有時間進行恰當的監管、考慮新的項目，或集中精力閱讀學習。			
4.當一個人沒有盡到他或她的責任時，我們查找問題的原因並提出解決方案。			
5.我瞭解自己部屬的技能、才幹、經驗和工作學識，所以，我準備讓他們的「工作期限」與獨特的任務相匹配。			
6.我發現大多數事情由我自己做比分派給別人幹更容易也更快。			
7.一個部屬能很好地完成一項任務，但不專門委派給他那項工作。我委派給他新的任務去嘗試。			
8.我營造一種工作氣氛使之有利於委派任務。			
9.在我分派一項任務以後，我提出一些方法，它們是我過去為自己設定的。			
10.一旦我將任務分派掉，我就讓部屬單獨去幹，直到他或她決定向我彙報。			

講義 2：委派任務的步驟

1. 氣氛
2. 目的
3. 估價
4. 戰略
5. 溝通
6. 控制
7. 評價講義

講義 3：責任的分解

	我的責任	我必須做的	我能委派的任務	誰能完成它	誰可能願意
1					
2					
3					
4					
5					

遊戲討論：

· 分析人們委派任務的方式
· 學習和應用委派任務的步驟。

52
領導者要制定團隊規則

 遊戲介紹：

　　一個始終表現良好的團隊必有其明確的規則，或者有關於其成員如何一起共事的基本準則。他們就他們參加會議、如何解決相互之間的分歧、他們的參與度和資訊透明度達成一致。

　　本活動應該在培訓課程開始時就加以介紹，以使工作團隊能就他們的行為準則達成一致，這樣整個培訓就將運作順利。

 遊戲時間： 30 分鐘

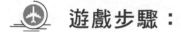

遊戲方法：

· 介紹
· 討論

遊戲材料：講義：制定團隊規則

遊戲步驟：

第一步：概述

A.介紹主題：「我們大家都已同意，花費時間將自己的職員或一群人組合成為一個團隊是有意義的。以下這一活動是你能形成自己的團隊的最有效方法之一。」

B.概述：「你將與你的工作小組就你們在我們培訓期間如何共事達成一致。」

第二步：目的

「本活動的目的是討論制定團隊規則的意義，練習如何就團隊規則達成一致。」

第三步：制定團隊規則

A.讓學員組成若干 4～6 人的小組。分發講義。

B.給出指令：「選舉一位負責人，他將領導這次就列舉在我發給你們的材料上的那些規則開展的討論。你們可以刪除、修改或補充

這些規則。當大家達成一致意見時，每個人都要在協定上簽字。在協議上簽字的要求是有分量的。因為這是對每個人承諾作為一個團隊一起工作的檢驗。」

C. 開展活動：

⑴ 那一條款是難以達成一致的？

⑵ 你是否刪除、補充或修改過什麼規則？

⑶ 是否有人對簽字猶豫過？

第四步：利用團隊規則

A. 解釋：「在一個小組初次組建（像今天的工作團隊）時，需要就團隊規則達成一致。還要定期進行再檢查。當有新人加入團隊的時候，或者當有能人參加你們會議的時候，就需要檢查規則。」

B.「簽字是非常重要的，因為這是一種承諾宣言，承諾大家都希望這一團隊的運作順利，願意幫助它獲得成功。」

C.「使規則在任何時候都能拿得到，或者把它放在桌子的中央，或者貼在能看見的地方。（對我們這一培訓班而言，要在任何時候都把規則放在桌子中央。）」

第五步：總結

A. 總結本次活動。

B. 轉換到你的下一次活動內容。

講義：如何制定團隊規則

當一個團隊初次開會時，其成員需要為一起共事建立某些規則。在召開這種會議以前，請看一看以下提出的那些規則。如果需要的話. 可作一些修改或再增加一些內容。準備一分表格以便分發。

其次要說明，為什麼你的團隊必須就某些規則達成一致。協議是一種象徵，象徵每個人都承諾要為團隊而努力。規則還能防止分歧的擴大。規則有助於解決可能出現的問題，因為你能參考這些規則。

分發這些規則，討論其中的每一條，直到達成一致。規則的最後是表格，讓每一個團隊成員在協議上簽字。定期檢查規則，必要時加以補充或修改。

- 我們將盡可能開誠佈公，但會尊重隱私權
- 在我們團隊討論的資訊將是可信的
- 我們將尊重差別。我們不會貶低別人的觀點
- 我們將是鼓勵性的而不是判決性的
- 我們將直接、公開地給出回饋意見；回饋將是及時的，我們提供的資訊將是專門針對任務和過程的。而不是針對個人人格的。
- 在我們的團隊中，我們有解決任何問題的資源。這意味著我們大家都要為集體做貢獻
- 我們每個人對從這個團隊經歷中得到的東西都負有責任。我們將從我們的領導和其他團隊成員那裏得到自己所需要的東

西

· 我們將致力於更好地相互瞭解，以使我們能找到發展專業技能的道路

· 我們將理智地利用時間，按時開始工作，嚴格作息時間，果斷地結束會議

· 當團隊成員缺席會議時，我們將共同擔負起使他們跟上步伐的責任

· 我們將始終關注我們的目標，避免偏離軌道，避免人際糾紛和隱瞞事實

· 我們將正視問題並解決它們，我們將不打電話或干擾團隊

團隊簽名：

_____   _____

_____   _____

 ## 遊戲討論：

· 討論制定團隊規則的意義

· 領導者如何就團隊規則達成一致

53

如何解決問題

 遊戲介紹：

這遊戲將幫助你授權給員工，把他們從「問題報告者」轉變為「問題解決者」。員工們需要完成一份工作單，這可以幫助他們在紙面上就成為解決方案的組成部份。這是一個獨立進行的遊戲，也可以多人進行。

 遊戲時間： 不限定

遊戲材料：

遊戲說明的複印件。多複印一些留在手上，這樣便於在員工向你報告問題時派上用場。

 遊戲步驟：

你可以在任何時間做這個遊戲，只要有員工來向你報告問題就行。

　　讓那些向你報告問題的員工填寫一份「解決問題的人」的問卷，然後你收上來做一番評論。在完成這些以後，給予員工一定的認可，讓他（她）按照解決方案去解決這個問題——或者如果有必要的話，進行一些調整。

　　一定要告訴員工讓他（她）做進一步彙報，這樣你便可以掌握問題的進展或者解決程度。

- 確保員工客觀地對問題進行了描述。
- 提醒員工最簡單的解決方案往往是最好的。至少要保證在進行更複雜的解決方案之前，嘗試過那些簡單的方案。
- 獎勵員工——在他們的同事面前——無論什麼時候，只要他們已經成功地將解決方案付諸實施（或者徹底地解決了這個問題）。
- 把員工填好的「解決問題的人」問卷複印件放在員工檔案裏，這樣可以在對員工的表現進行評價時提醒你他們曾經做過什麼。
- 如果你想讓員工更少地依賴於你的幫助，那麼在你複印問卷時，應該把問卷上的最後一個問題蓋起來。

如何解決問題

請描述出現的問題，並詳細舉出一些最近發生的例子。

_____

_____

這為什麼會成為一個問題？它是以何種方式對我們的團隊、組織、產品或者其他職能部門造成不利影響的？

_____

你認為解決這個問題的最簡單的方法是什麼？

_____

你認為這個方法對解決問題的效果如何？它將對我們的團隊、組織、產品或者其他職能部門有那些幫助？

_____

你將會採取那些步驟來把這個解決方案付諸實施？

_____

你覺得應該從你的主管那裏得到那些幫助或支援，才能實施方案？

_____

_____

54

解決問題的能力

 ## 遊戲介紹：

　　問題解決環是使用各種解決問題方法的依據。大多數問題都要經過此環中的每一個節點。領導者需要學習如何認識他們在問題解決環中所處的地位，這樣他們才能選擇解決問題的恰當方法。例如，如果領導者處在問題解決環的「說明」節點，他們就會選擇「說明組合技巧」；如果他們處在「探尋」這一節點，他們就可能選擇「頭腦風暴法」以產生一系列可能的解決方案。

 ## 遊戲時間：60 分鐘

遊戲方法：

- ・ 介紹
- ・ 討論

遊戲材料：

· 講義 1：問題解決環
· 講義 2：合作解決問題法
· 寫字板和標識筆

 遊戲步驟：

第一步：概述

A.介紹主題：「這部份課程將集中關注問題解決環及如何幫助一個小組或團隊解決一個相對簡單的問題。」

B.概述：「首先，我們將分析我們最近用於解決某一問題的『問題解決環』的 5 個步驟。下一步，我將分析這種簡單方法的構成要素，然後你們要把這種方法應用於你們選擇的一個問題。」

第二步：目的

「本活動的目的是分析問題解決環，分析合作問題解決法以及如何將這一方法應用於一個簡單問題。」

第三步：問題解決環

A.分發講義 1。

B.分析合作問題解決法的構成要素。為了具體說明此環中的各個節點，要選擇該小組或團隊最近解決的一個問題為例。

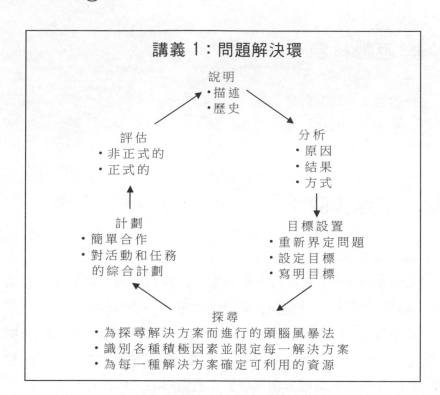

講義 1：問題解決環

說明
・描述
・歷史

評估
・非正式的
・正式的

分析
・原因
・結果
・方式

計劃
・簡單合作
・對活動和任務
　的綜合計劃

目標設置
・重新界定問題
・設定目標
・寫明目標

探尋
・為探尋解決方案而進行的頭腦風暴法
・識別各種積極因素並限定每一解決方案
・為每一種解決方案確定可利用的資源

第四步：對合作問題解決法作一概述

A.對什麼時候學員可以使用這種方法作一簡單介紹：「這一方法在你面對一個相對簡單的問題時是有用的。讓我們舉出一些我們近來碰到的簡單問題，我把它們記在寫字板上。」

B.分析這一方法的前面 5 個部份，把它們寫在寫字板上，給每個部份標上所需要的時間。

(1)說明問題　　　　　　　　5 分鐘

(2)分析和設定目標　　　　　5 分鐘

(3)探尋解決方案　　　　　　5 分鐘

(4)計劃　　　　　　　7 分鐘

(5)評估　　　　　　　5 分鐘

　總計　　　　　　　27 分鐘

第五步：該方法的應用

A.組成 3 人小組，讓學員安排他們在小組中的座位，離開其他小組有足夠的距離，以使他們能安靜地談話。

B.分發講義 2，閱讀上面的詳細說明。

C.指導各小組，確定 3 個成員中誰遇到了一個簡單問題。在你開始這一過程之前，要確保每一小組都有一個提出問題的人。提醒每一小組中的其他兩個人，他們將要提出問題，舉出解決問題的方案，慷慨地幫助提出問題的人去解決問題。

D.告訴學員第一步開始。掌握好他們的時間。每隔 5 分鐘報一次時間，指導他們進入下一步。

E.請各小組集中，報告他們運用這一方法的成功之處或遇到的困難。

第六步：總結

總結本次活動，並轉換到下一次活動內容。

講義 2：合作解決問題法的 5 個步驟

步驟 1——說明問題

提出問題的人花費 5 分鐘時間對小組的其他成員描述一個特殊問題或意外事故。後者用心傾聽，除非需要做出澄清，否則不作任何議論，因此，說明問題應該在問題的描述上有助於提出問題的人。

事故的描述：

(1)涉及誰？每一個人都說幹了些什麼？

(2)這一問題通常在何時何處發生？

事故的淵源：

(1)這一事故是否有導致它產生的特別前兆？

(2)在你此前的生活經歷中有什麼與此相關的經驗為事故的發生提供了空間？其他人在事故或問題前的生活經歷中發生過什麼情況？

結果：

(1)在事故發生期間和發生以後你的感覺如何？

(2)你認為別人會有何種感覺？

(3)事件的關聯和事故後的直接結果是什麼？

步驟 2——分析和目標設定

以下 5 分鐘要用來分析問題的原因，以便弄清究竟發生

了什麼和為什麼會發生。這一過程旨在鼓勵提出問題的人更清楚他想要得到的結果。

追根究底：提出問題的人用盡可能多的方式完成以下 3 個句子：

(1)「在這種情況下我真正想做的是……」

(2)「其他人想做的是……」

(3)「基本的分歧是……」

一次性的抑或是一種方式：要確定問題是一次性的還是一種重覆發生的方式，提出問題的人要回答下列問題：

(1)這一事故以前是否發生過？如果發生過，你和其他人所作的反應是否相同？

(2)這一問題對你的組織中的其他人是否也遇到過？

以往的嘗試：

這有助於分析針對以下問題的實踐。以往做過些什麼？

步驟 3——探尋解決方案

以下 5 分鐘要利用小組中所有成員的智慧來探尋對所描述問題的各種可能的解決方案。這一過程稱作頭腦風暴法，它需要在一個很短的時間內產生許多想法。為了鼓動更多有創造性的想法產生，這種問題解決法要利用有限時間段的壓力，創造一種寬鬆的氣氛，使各種想法得以相互碰撞，其目標是注重提出的觀點的量而不是質。

為了把握頭腦風暴法的時機，要有一個人盡可能快地記錄由小組成員提出的所有想法。這些想法可以記在黑板、筆

記本或普通用紙上，為了保存小組成員的建議也許有必要用
縮寫的形式。所有小組成員要遵守下列小組規則：

(1)求量而不求質。利用時間設想盡可能多的解決方案，
越稀奇古怪越好。

(2)平等。如果有什麼人的觀點能刺激你的想法發生微小
的變化，那就請他大聲說出來。

(3)不作評判。接受所有的想法。對任何想法的評判在這
時都不允許，不能停頓下來去討論某一建議的正面和反面理
由。

(4)立刻停止。5 分鐘時間一到，所有頭腦風暴應該停息。

步驟 4——計劃

到第四步，提出問題的人全面分析各種不同建議，以便
選出那些最有潛力的解決方案。提出問題的人利用 5～7 分鐘
時間，根據他或她自己的標準或下面的這些標準，來評估每
一項建議：

(1)不可行的。根據你的價值觀或所處的情況，勾去那些
不現實或不適合的建議。

(2)可行的。在那些你願意考慮的建議旁邊標上 M。

(3)出色的。在那些在你看來富有創意的、現實的或有吸
引力的建議旁邊標以星號（＊）。

隨後提出問題的人和小組成員一起討論最合理的解決方
案，進一步優化這些方案，直至提出問題的人相信它們能達
到目的。從這些方案中，提出問題的人至少挑選一個可行的

方案。將這一目標或計劃保留在提出問題的人的文字材料。

步驟 5——評價

在過去的幾分鐘裏分析了目標和計劃。小組成員確定一種檢查計劃進程的方式。有太多的時候，嘗試解決問題的方案可能在按部就班的日常瑣事中，或者由於某種行為方式的重覆出現而歸於失敗。然而，如果提出問題的人堅守對計劃的責任，並且將這種責任心與來自小組成員的支持結合起來，那麼成功的機會就會大大增加。

很關鍵的一點，是要指明執行計劃的進展在何時何處、以怎樣的方式將為小組成員所瞭解。選擇的方法可以是一個電話、一頓午餐或一張紙條，但是與選擇的方法相比，確保使之落實是更重要的。後續會議的作用在於使小組成員能作為一個整體去檢查工作的進程，也許還能提出一些新建議，如果提出問題的人需要修改計劃的話。這一過程要一直持續到提出問題的人自己把問題撤銷為止。

遊戲討論：

· 分析問題解決環
· 分析合作問題解決法
· 將這一方法應用於簡單問題

55
授權方式

 ## 遊戲介紹：

　　每個企業要堅持人才是資源而不是成本，尤其是對高素質人才的管理是：有效授權並放手讓其做事。

　　富有成效的領導風格要懂得如何具備和使用管理者管理技能、領導技能、管理者應有的行為規範，懂得如何教導與激勵下屬、正確評估下屬表現、引導下屬成長，懂得如何通過授權藝術來提高績效、成功處理風險和解決問題等，以建立同員工和部門之間的有效溝通和團隊合作精神。本遊戲給學員分配不同的角色，讓他們在扮演各個角色時學會溝通，培養他們的領導能力。

　　讓學員體會及學習作為一位主管在分派任務時，通常犯的錯誤以及改善的方法。

 ## 遊戲時間：30 分鐘

 ## 遊戲人數：8 人一組為最佳

 ## 遊戲材料：眼罩 4 個，20 米長的繩子一條

適用對象：全體參加團隊建設及領導力訓練的學員

遊戲步驟：

1. 培訓師發言：

「獨裁領導在今天的組織中毫無立足之地。能否介紹一下你是怎樣設計和經營公司的？」[示意發言，之後培訓師總結。]

「企業早期學習授權藝術是很重要的。如果不授權，領導人就沒有其他時間完成其他工作任務。下面我們要做的遊戲就是要在大家中間選出一位總經理，然後總經理可以任命一位總經理秘書，一位部門經理，一位部門經理秘書和四位操作人員，把所有遊戲活動的內容逐級向下傳達，最後由四位操作人員執行。我們要求高績效企業都要具有以下特點：遠見卓識的領導、富有創業精神、高度的責任感、講求程度和靈活性。你們的企業具有那些特點？領導人都應具備上述大多數特點，而且速度要勝過其他公司。

2. 培訓師選出一位總經理、一位總經理秘書、一位部門經理，一位部門經理秘書，四位操作人員。

3. 培訓師把總經理及總經理秘書帶到一個看不見的角落，然後向他說明遊戲規則：

4. 總經理要讓秘書給部門經理傳達一項任務。該任務就是由操作人員在戴著眼罩的情況下，把一條 20 米長的繩子做成一個正方形，繩子要用盡。

5. 全過程不得直接指揮，一定是通過秘書將指令傳給部門經

理，由部門經理指揮操作人員完成任務。

6. 部門經理有不明白的地方也可以通過自己的秘書請示總經理。

7. 部門經理在指揮的過程中要與操作人員保持 5 米以上的距離。

 ## 遊戲討論：

1. 作為操作人員，你會怎樣評價你的這位主管經理？如果是你，你會怎樣來分派任務？

2. 作為部門經理，你對總經理的看法如何？對操作人員在執行過程中的表現看法如何？

3. 作為總經理，你對這項任務的感覺如何？你認為那方面是可以改善的？

4. 當你在「授權」的過程中出現錯誤的時候，你有什麼感覺？你覺得有那種壓力呢？

5. 當你驕傲地、不顧一切地向部屬發號施令的時候，你有什麼感覺？這些命令如果是錯誤的，你又有什麼感覺？你想過找出彌補的措施嗎？如果是的話，你認為最佳的途徑是什麼呢？

6. 對於具有責任心的人來說，他一定會找到處理錯誤命令的辦法。當你明知道你的老闆的命令是錯誤的時候，你該怎麼辦呢？

7. 在這個遊戲中經理一定要表述清楚授權的內容，而秘書要認真聽完老闆的命令。作為秘書，你什麼時候真正聽完了經理的授權才將命令傳達下去？為什麼總是經常搶先？這對以後的執行產生什

麼影響？

8. 這個遊戲在那些方面與你們在平時工作的時候的真實經歷有相似之處？在這個遊戲中，你對你自己增加了那些新的認識？你如何把這些技巧應用到以後的工作之中？

講義：領導者是否非得親自與第一線部屬接觸才可解決問題？

如果這種管理風格成為常態，就陷入了某種誤解。總經理是企業的導航者，工作範圍相當廣泛，因此，不可能每件事務都得親自處理。從時間管理上看，領導者較多時間的重點工作可歸納為四項：

一、自我管理：此部份應佔用大半時間，其中，自我反省是最重要的功課。懂得反省才能看清盲點，避免一再犯錯。

二、尋求支持：企業的經營績效，包含利潤、業績、生產力等經營績效，領導者必須對上層董事會負責。因此，有關企業的經營策略、營運方針等必須說服董事會認可，才能取得財務資源與相關協助。

三、開創資源：企業經營層面，包括上游供應商、下游重要客戶、平行的競爭企業及其他相關產業如銀行等各方面關係，皆屬於企業經營資源，這方面專業經理人負有開創及維繫的職責。

四、激勵士氣：從企業內部的領導統馭來看，領導者最主要工作在於溝通、協調並激勵組織成員達成目標。

事實上，一個成功的領導者不應佔用太多時間在內部溝通、

協調上，否則有必要檢討企業內部運作是否正常。由專業經理人直接督導基層部屬，若是基於管理心理或其他政治目的則另當別論，但如果成為管理上的常態，則反映出幾個問題：

1. 授權不足：專業經理人無法忍受部屬犯錯，常在不自覺中喜好掌控大小事情，因為唯有如此，才有安全感。

2. 中間主管缺乏解決問題能力：基於專業經理人不願放手，中間主管在多一事不如少一事的心態下，樂於奉命行事。日久天長，這些主管們將逐漸喪失解決問題的能力，更談不上獨當一面的領導能力。

3. 組織層級太多：受到組織層級及企業倫理限制，加上沒有其他可快速溝通的管道，層層上報的結果，形成作業效率差，下情無法上達。

4. 彼德原理：你的下屬主管時常升遷到不適任的位置，這也意味專業經理人未提升管理能力，仍停留在過去擔任中間主管的領導風格中。

在新管理觀念中，「事必躬親」已不符合時代潮流，專業經理人應將正常執行的工作儘量放手讓部屬去執行，並設定一個可以忍受的犯錯空間，只要不影響大局或造成重大損失，何妨讓部屬從錯誤中累積經驗？犯錯所造成的損失，就當作培育人才的學費。

56

解決困難

 ## 遊戲介紹：

　　一個出色的領導者要有較強的適應環境的能力和領導能力，能夠獨立地思考問題，具有創新意識，某些問題上有一些超前的思考意識。領導者總是能夠激勵人們獲取他們自己認為是能力以外的東西，取得他們認為不可能取得的成績。在舞台或空間上，他們給每個員工充分發揮自己才華的機會，給每個員工充分鍛鍊的機會。事實證明，成就感對員工的吸引力很大。你在你崗位上做過什麼很重要。尋找機會使你與眾不同。即使你的職責有限，你也不應拘泥於此，儘量展現你的領導能力。

 ## 遊戲時間：60 分鐘

遊戲材料：

　　1. 各種各樣的小東西：大小不一的紙張、雙面膠、透明膠帶、硬幣、剪子、紙牌、磁帶、布塊。

　　2. 三張資訊卡片：

①市場部門剛剛決定，為了使我們的產品銷售得更好，它的顧客群必須特別定位於 14～18 歲的男孩或女孩。你們現在有五分鐘的時間，決定最終定位於那個性別。五分鐘之後，你們與監察員們會面，告訴他們你們的決定。告訴監察員們，他們現在的工作是：對於產品將要針對的那個年齡階段的人的興趣，做出他們自己的決定；把這些決定通知開發組。他們總共有五分鐘的時間做出決定，並將新決定通知開發組。

②公司在經過全面的財務分析以後，會計都決定你們需要消減50%的成本。你們現在有五分鐘的時間確定如何降低成本：解僱員工或者是減少產品的成本——也就是減少產品的用料量。如果你有更好的辦法，請告訴監察員你們的決定，並告訴他們：他們的任務是具體確定如何執行你們的決定。

③現在通知一個令人震驚的消息：我們主要的競爭對手，Fashion 玩具公司，通過他的新產品「火星殺手」（Martian Killer）正在吞併我們打造的市場份額。這個「火星殺手」（Martian Killer）使用的是和你們的新遊戲非常類似的材料！市場部門認為，你們的遊戲必須取一個時髦的名字以吸引顧客。通知監察員你們的決定，並告訴他們：他們的任務是提出一種能幫助開發部使產品適應新名稱的方法。

3.計時器 2 個

遊戲步驟：

開場白示例：

如果你是 Spirit 開發組的成員，請注意：你在本遊戲中的角色將是一名非常敬業的、具有創造性的公司成員。你和你所在的部門合作非常愉快，過去曾經為你們公司創造出驚人的業績，而且你對你處理今天專案的能力滿懷信心。如果你是 Sharp 監察組的成員，那麼你也是一名敬業的監察員。你喜歡並信任被你所監督的開發組的成員。你的工作就是提出實用的建議，並且將領導們做出的決定通知開發組。如果你是公司的一名總裁，你的工作就是對不斷變化的市場做出反應，以保持本公司的靈活性和競爭力。這意味著，你和其他領導人不得不很快做出艱難的決定，經常對最新出現的情況做出反應。

正如大家所知道的，我們的企業正處於困難時期，非常艱難。我們主要的競爭對手，Fashion 玩具公司，通過它的新遊戲「火星殺手」（Martian Killer）正逐漸趕上我們。你們今天的任務是開發出我們下一代具有突破性的遊戲，一個能夠打敗 Fashion 公司的遊戲。

我們需要盡快把這個新遊戲推向市場。我確信，不需要我再重申，這對於我們保持行業的領先地位是多麼重要了。如果我們沒有獲得重大成功，不久我們將不得不裁員。而且，我們不得不終止公司的部份業務。

我們的研發部已經確定下來我們下一代最受歡迎的遊戲需要的

材料。他們都放在這張桌子上。首先，我想介紹一下屋裏的各組。我們有天才的 Spirit 開發組，他們會在接下來的 15 分鐘內，為我們設計出新一代遊戲，至少部份的使用，最後是全部的使用桌子上的資料。我們還有勤勤懇懇的 Sharp 監察組，他們會給開發組提供指導和幫助。最後，我們很榮幸地請到了公司最有遠見的領導人物。他們會給大家提供一些策略性的方向指導。

Spirit 開發組的工作是一起開發出一個吸引人的遊戲，並為之命名。正如平時一樣，如果他們也同時提出了銷售這個遊戲的廣告詞，那他們可以獲得獎勵分數。並且，他們需要把這些想法呈交給 Sharp 監察組和我們的公司首腦。

我們只有 15 分鐘時間開發這個遊戲及廣告詞。但是我相信你們都具有很強的創造力，在緊急時刻為公司創造最佳賣點是不成問題的。現在 Spirit 開發組就開始工作吧，並且請 Sharp 監察組開始監督他們的工作過程，提出你們認為恰當的建議。同時，我會與公司的首腦就此事談一談。

第一步：將學員分成三組分別是：開發組、監察組、首腦。

第二步：把所有材料交給開發組，並告訴他們可以開始開發他們的產品了。

第三步：把首腦們帶到小隔間，並將第一張資訊卡片大聲的念給他們聽。念完之後，關於產品定位於那個性別，他們有 5 分鐘的時間做出決定。然後，他們要與監察員們交流他們的決定。啟動計時器，把資訊卡片留給他們，然後走開。

第四步：當計時器的時間到點時，要求監察員立即進入房間，打斷他們的談話，要求首腦們告訴他們自己的決定。

第五步：監察員們現在有兩項任務：關於這個產品的顧客群定位於那個具體的年齡階段，做出自己的決定；把這些最新的決定提供給開發組。他們一共有 5 分鐘的時間完成這兩項任務。啟動計時器，然後離開。

第六步：你（培訓師）回到首腦所在的隔間，交給他們第二張資訊卡片。啟動計時器，計時五分鐘。五分鐘之後，他們必須與監察員們交流他們新的決定。

第七步：監察員們現在利用 2 分鐘的時間做出一個決定，然後把最新的決定告訴開發組。

第八步：回到首腦那裏，交給他們第三張資訊卡片，啟動計時器，3 分鐘以後，他們必須與監察員們交流他們的新決定。

第九步：15 分鐘以後，叫停結束。請開發組為首腦們和監察員們描述或者展示一下自己的產品。如果他們創作了廣告詞，也請他們讀出來。帶頭鼓掌，並感謝所有參加遊戲的學員。

 遊戲討論：

1. 變化的過程常常會使得大家覺得「不穩定」、「懸浮空中」。你的策略還沒有經過檢驗，他們的結果還不清楚，你正處於不知所措的情況中。在這個過程中你是否會覺得不舒服？

2. 在活動開始時，你有什麼想法或者感受？在遊戲結束時呢？為什麼你的想法和感受改變了呢？

3. 什麼資訊確實給開發組帶來了幫助？對監察員們呢？對首腦們呢？

4. 隨著這個活動的進行，你的小組有什麼變化？

5. 不斷的變化對你們正在開發的遊戲有什麼影響？你們最終得到一個成功的遊戲了嗎？為什麼有？或者為什麼沒有？

6. 這個活動與你在現實生活中應對變化的經歷有什麼相似？這個遊戲是如何模仿你們的組織進行方向性變化的交流的？

7. 很緊的時間限制是如何影響人們的感情適應性、社交技巧以及思考能力的？對於不同的人，這種影響是不同的嗎？

8. 你對自己有什麼觀察和瞭解？你是如何應對這個活動中的不斷變化和挑戰的？這與你在現實生活中處理變化的方式有什麼不同或者相同之處嗎？

心得欄 ╌╌╌

57
領導方向的評估

在每個論述前打上 1 或 2 或 3，來給你的領導能力打分。

1＝從不　2＝有時　3＝經常

✈ 測驗：

1. 我對自己的使命有清醒的認識。我知道團隊的方向如何，並且能預見到結果。（　　）

2. 我對團隊使命的形成和調整負責。（　　）

3. 我有一個清晰的計劃去達到預定的目標。（　　）

4. 達到目的的戰略已經井井有條地寫在了紙上。（　　）

5. 團隊領導和整個團隊都充分瞭解了上述戰略。（　　）

6. 在貫徹實施戰略時，我會積極調動每個人的天賦和才能。（　　）

7. 一些受過良好訓練的成員和重要領導者參與了這個計劃的制訂，並付諸實施。（　　）

8. 我很瞭解為了讓團隊更進一步需要多少財務資源，並且知道如何籌集或使用這筆錢。（　　）

9. 我的使命感很強，但是如果覺得時間不合適，我就不會推進

計劃。（　　）

　　10.我意識到當今的文化潮流對我們的目標具有潛在影響。（　　）

　　11.我的戰略或計劃經過週密考慮，綜合而全面。（　　）

　　12.我的戰略或計劃清晰明瞭寫在紙上。（　　）

　　13.我的團隊富有靈活性，面對挫折能及時做出反映，並適時調整戰略。（　　）

　　14.我在貫徹實施計劃時有耐心，不會因為要加快進展就跳過計劃好的步驟。（　　）

　　15.即使是在感到疲憊或沮喪的時候，我也堅持到底。（　　）

　　16.我用在計劃上的時間比花在實施上的還多。（　　）

　　17.我清楚地想像未來的前景，並能制定出實現這一前景的計劃。（　　）

　　18.通過我和整個團隊設計的計劃，確實實現了預定目標。（　　）

　　19.我總是把實際完成的結果和預定的目標相比較，以便評估執行的有效性。（　　）

　　20.我總能精確地預計到需要多少人，並能選擇到合適的人去成功完成計劃。（　　）

　　總分：（　　）

　　50～60分：這是你的強項。作為領導者，你要繼續成長，但是也需花點時間幫助別人朝這方面發展。

　　40～49分：這些不會妨礙你當一個領導者，但是也不會幫助你。要加強你的領導能力，得在這方面多下功夫。

20～39 分：這是你領導能力的弱項。除非在這方面長足進步，否則你的領導效率將會受到很大的負面影響。

 討論：

回答下列問題，和小組成員以及組長一起討論：

1. 要為你的團隊成功導航，你需要經過那些階段？

_____

_____

2. 你是否認為導航過程中流程是必須的？請解釋。

_____

_____

3. 你如何選擇人來貫徹實施你的創意？

_____

_____

4. 描述一個你跳過了導航過程中的某一步的情形。結果怎麼樣呢？

_____

_____

5. 你如何讓你的團隊為目標做好準備？你個人認為是否需要花更多的時間做計劃？為什麼你沒有這樣做？你本來可以把計劃做

得更好嗎？

_____

_____

6. 作為一個領導者，你如何保證你的團隊已經為下一個項目或
挑戰做好了準備？

_____

_____

⑤ 實踐：

利用下面的步驟去設計並實施你團隊面臨的一個項目。參照例
子去做。

例：公司成長

· 預先決定行動計劃

為了成長我們需要一套新設備。

· 列出你們的分層目標

我們的目標是：設計並安裝設備，在十年內收回成本，在此過
程中保持士氣高昂。

· 設定你的優先次序

我們優先考慮的是：有可靠的財政計劃，這樣在建設期間業務
不會受限制。

· 告知所有關鍵人物

下列人員需要知道這個計劃：最有影響力的人、關鍵領導人、

為項目工作的人。

· 預備時間來取得別人同意

我們將在會議上花兩個小時闡述這個計劃，並在三天後再強調一次。

· 開始行動

建造新設備的第一步是分區。

安裝設備的第一步是選址。

· 預測將會產生的問題

我們前進的障礙可能會是選址問題。

為此我們將研究有關選址的法規。

· 突顯每項成功之處

每週一上午我們將發放備忘錄，提醒離成功有多遠。

· 每天檢討你的計劃

項目領導人每天上午進行 15 分鐘的碰頭會。

你的項目：＿＿＿＿＿＿＿＿＿＿＿＿＿＿＿＿＿＿＿＿＿

· 預先決定行動綱領

為了＿＿＿＿＿＿＿＿＿＿＿我們需要＿＿＿＿＿＿＿＿＿

· 列出你們的分層目標

我們的目標是：＿＿＿＿＿＿＿＿＿＿＿＿＿＿＿＿＿

· 設定你的優先順序

我們的優先次序是：＿＿＿＿＿＿＿＿＿＿＿＿＿＿＿

· 告知所有關鍵人物

下列人員需要知道這個計劃：＿＿＿＿＿＿＿＿＿＿＿

・預備時間來取得別人同意

我們將通過_____宣佈這個計劃,並_____再次強調。

・開始行動

開始行動的第一步是:_____

・預測將會產生的問題

預料的問題我們前進的障礙是:_____

我們將這樣解決這個問題:_____

・突顯每項成功之處

我們將採取這樣的方式:_____

・每天檢測你的計劃

項目領導人將每天通過交流:_____

心得欄 _____

_____

_____

_____

_____

58
授權技巧的評估

在每個論述前打上 1 或 2 或 3，來給你的領導能力打分。

1＝從不　2＝有時　3＝經常

 ## 測驗：

1. 我很願意授權給別人。（　）

2. 當我授權給別人時，我總是努力幫助他或她發展自己的領導力。（　）

3. 我允許被授權人犯一些錯誤。（　）

4. 我信任並相信我手下的關鍵領導者。（　）

5. 在我們的領導文化中鼓勵冒險。（　）

6. 在我們的領導文化中允許犯一些錯誤。（　）

7. 我培植和鼓勵一種創新精神。（　）

8. 我為組織裏的領導者提供持續的高水準的培訓。（　）

9. 我明白我的領導不是基於我的權威，我的行動反映了這一想法。（　）

10. 我週圍的關鍵人物把我當做一個可靠的、自信的領導者。（　）

11.我的關鍵領導者對於我給他們創造的機會表示感激。（　）

12.我願意把一部份責任分給團隊成員。（　）

13.我幫助我週圍的領導者發展。（　）

14.我的下屬感到，當他們有好的想法或者取得個人成就的時候，我是最好的鼓勵者。（　）

15.團隊成員表示，他們感到我對他們的信任超過他們對自己的信任。（　）

16.我鼓勵我的團隊成員建立個人發展計劃，而且我願意給他們以指導。（　）

17.我將提供基金讓團隊成員得以更好的培訓。（　）

18.人們看上去願意參與我的團隊。（　）

19.我給予的榮譽勝過我尋求的榮譽。我更願意看到我的團隊而不是我個人得以讚賞。（　）

20.我有意識地尋求讓我手下的關鍵成員獲得成長和進步的機遇。（　）

總分：（　）

50～60分：這是你的強項。作為領導者，你要繼續成長，但是也應花點時間幫助別人在這方面發展。

40～49分：這些不會妨礙你當一個領導者，但是也不會幫助你。要加強你的領導能力，在這方面應多下功夫。

20～39分：這是你領導能力的弱項。除非在這方面長足進步，否則你的領導效率將會受到很大的負面影響。

 討論：

回答下列問題，碰到好朋友一起討論：

1. 為什麼有些領導者違背了授權法則？

_____

_____

2. 領導者不能授權的原因裏，那一個在你的行業或者服務領域裏最普遍？列出幾個例子。

_____

_____

3. 一個領導者對於授權法則的抵觸在過去如何影響了你和你的團隊？

_____

_____

4. 在以前，一個領導者怎樣授權給你？結果如何？

_____

_____

5. 你是否同意「讓自己不可或缺的惟一辦法就是讓自己可以或缺」？請解釋你的答案？

_____

_____

6. 你拒絕向別人授權，更多的是渴望工作的安全感，抗拒改變還是缺乏自我肯定？或者其他原因？你如何跨越這個領導障礙？

_____

_____

7. 在現在的職位上，你用那些辦法向別人授權？

_____

_____

一度成為副總統候選人的海軍上將詹姆士‧斯托克代爾說：「領導必須建立在善意之上，就是以坦誠之心，全力扶助跟隨者。我們對領袖的要求是，以誠信待人，甚至願意栽培別人來取代自己，像這樣的領袖決不會失業或失去他的跟隨者。」這話聽起來或許很奇怪，但偉大的領袖正是把權力交托出去而獲得權威的。

在這週，找到一個你可以和別人分享權威的場合。可能是讓你的孩子計劃一次週末家庭活動，或者是讓你團隊裏的某人放手去做一個項目。

回答下列問題，以評價這次嘗試：

1. 為什麼你選擇這個人授權？

_____

_____

2. 授權的時候,你最初的考慮是什麼?

_____

_____

3. 這個人對你的授權有什麼反應?

_____

_____

4. 這個人接受這個項目、人物或決策後面臨那些挑戰?

_____

_____

5. 你如何鼓勵這個人?

_____

_____

6. 你如何幫助這個人成為領導者?

_____

_____

7. 這個項目、人物或者決策的結果是什麼?

_____

_____

8. 授權如何造福於你和另外那個人？

_____

_____

59

培育人才的評估

在每個論述前打上 1 或 2 或 3，來給你的領導能力打分。

1＝從不　2＝有時　3＝經常

 測驗：

1. 我培養他人。（　　）

2. 看到週圍的人能力超出我，我感到很高興。（　　）

3. 我至少指導兩個人。（　　）

4. 我指導的人在個人和職業方面都顯出了進步的跡象。（　　）

5. 指導他人的人生並為之付出成本，這對我很重要。（　　）

6. 我看一個人，不僅僅是看他能為我做些什麼，而更看重他本身具有的素質。（　　）

7. 我願意為我週圍的核心人物付出巨大的時間和精力。（　　）

8. 我遠大的見識和夢想不是靠我個人能完成的。（　　）

9. 在培養人才方面，我不是考慮眼前利益而是想得長遠。（　）

10. 我培養人才的動機更多的是為了使命和事業而不是個人收益。（　）

11. 在培養我的領導力時，我意識到我的能力和個性之間的緊密聯繫。（　）

12. 對於我培養的人，我有合理的預期。（　）

13. 我對我著重培養的人有足夠的耐心。（　）

14. 我指導的人能接近我。（　）

15. 我有明確的意識希望在我指導的那些人身上發生什麼變化和進步。（　）

16. 對於我指導的人，我花較多的時間發展他們的強項而不是改進他們的弱項。（　）

17. 我終身投身於個人成長。（　）

18. 我對他人的人生給予巨大的教益。（　）

19. 我指導他人的動機是讓他們更強，而不是讓我自己看上去更強。（　）

20. 我看重那些和我有天然聯繫的、對我的領導能做出回應，並且我能對其人力投資的人。（　）

總分：（　）

50～60 分：這是你的強項。作為領導者，你要繼續成長，但是也應花點時間幫助別人在這方面發展。

40～49 分：這些不會妨礙你當一個領導者，但是也不會對你有什麼幫助。要加強你的領導能力，在這方面多下功夫。

20～39 分：這是你領導能力的弱項。除非在這方面長足進步，否則你的領導效率將會受到很大的負面影響。

 ## 討論：

回答下列問題，和小組成員以及組長一起討論：

1. 在培養領導者之前你必須先做到什麼？

_____

_____

2. 培養領導者的人要做的三件事是什麼？

_____

_____

3. 你是否同意作者的觀點——我們培養出和我們一樣的人？請解釋。

_____

_____

4. 你怎樣從其他領導者的建議或者指導中受益？

_____

_____

5. 充當導師是你生活的一部份嗎？為什麼？

_____

_____

6. 為了成為更好的領導者，你正做些什麼？

_____

_____

7. 你離做他人的導師有多大距離？為什麼？

_____

_____

8. 現在你打算為培養其他領導者做些什麼？

_____

_____

　　如果你想成為一個領袖，就得花時間與最優秀的領袖在一起。如果你正在起步，或許可以先與同行的人在一起，以熟練自己的專業知識。一旦有了基礎，就不妨從各行各業的人當中學習領導。從商人、牧師、政治家、將軍、球員、企業家……每一位你所能想到的各行業中的領袖們學習領導。不管什麼行業，領導的法則都是相通的。

　　在下面列出你將請求其成為你導師的人的名字。同時列出你將負責指導的人的名字。在每個人的名字後面填上相關的內容。然後在接來的幾週內抽時間和每個人見面。

我的導師：＿＿＿＿＿＿＿＿＿＿＿＿＿＿＿＿

我為什麼選擇這個人：＿＿＿＿＿＿＿＿＿＿＿

＿＿＿＿＿＿＿＿＿＿＿＿＿＿＿＿＿＿＿＿＿＿＿

我希望如何改變：＿＿＿＿＿＿＿＿＿＿＿＿＿

＿＿＿＿＿＿＿＿＿＿＿＿＿＿＿＿＿＿＿＿＿＿＿

＿＿＿＿＿＿＿＿＿＿＿＿＿＿＿＿＿＿＿＿＿＿＿

我希望他或她在這些領域指導我：＿＿＿＿＿

1.＿＿＿＿＿＿＿＿＿＿＿＿＿＿＿＿＿＿＿＿＿＿

2.＿＿＿＿＿＿＿＿＿＿＿＿＿＿＿＿＿＿＿＿＿＿

3.＿＿＿＿＿＿＿＿＿＿＿＿＿＿＿＿＿＿＿＿＿＿

我將和這個人會面：＿＿＿＿＿＿＿＿＿＿＿＿

我們將在下個月裏（每週、每隔一週）會面一次。

＿＿＿＿＿＿＿＿＿＿＿＿＿＿＿＿＿＿＿＿＿＿＿

＿＿＿＿＿＿＿＿＿＿＿＿＿＿＿＿＿＿＿＿＿＿＿

我將指導的人：＿＿＿＿＿＿＿＿＿＿＿＿＿＿

我為什麼選擇這個人：＿＿＿＿＿＿＿＿＿＿＿

＿＿＿＿＿＿＿＿＿＿＿＿＿＿＿＿＿＿＿＿＿＿＿

我如何幫助這個人：＿＿＿＿＿＿＿＿＿＿＿＿＿＿＿
＿＿＿＿＿＿＿＿＿＿＿＿＿＿＿＿＿＿＿＿＿＿＿＿＿

我希望他或她在這些領域得到發展：＿＿＿＿＿＿＿＿

1. ＿＿＿＿＿＿＿＿＿＿＿＿＿＿＿＿＿＿＿＿＿
2. ＿＿＿＿＿＿＿＿＿＿＿＿＿＿＿＿＿＿＿＿＿
3. ＿＿＿＿＿＿＿＿＿＿＿＿＿＿＿＿＿＿＿＿＿

我將開始和這個人會面。＿＿＿＿＿＿＿＿＿＿＿＿＿
我們將在下個月裏（每週、每隔一週）會面一次。

1. ＿＿＿＿＿＿＿＿＿＿＿＿＿＿＿＿＿＿＿＿＿
2. ＿＿＿＿＿＿＿＿＿＿＿＿＿＿＿＿＿＿＿＿＿
3. ＿＿＿＿＿＿＿＿＿＿＿＿＿＿＿＿＿＿＿＿＿

心得欄

60
安排工作的評估

在下列每個論述前打上 1 或 2 或 3，來給你的領導能力打分。

1＝從不　2＝有時　3＝經常

 ## 測驗：

1.我很清楚，在我的各項職權中，那一項能產生最豐碩的成果。（　　）

2.我把主要精力集中在少數幾個成效最為顯著的領域中。（　　）

3.我總是開心地履行職責，而不是心不在焉。（　　）

4.我團隊中的主要領導者正致力於他們最擅長的工作。（　　）

5.我首先完成那些次序優先的任務，然後才輪到那些次序靠後的任務。（　　）

6.如果我不知道該如何解決某個次序最靠前的問題，我會努力攻克它，而不是避開它。（　　）

7.我很清楚首先要做的是什麼事情，並專注於此。（　　）

8.我處於這樣的一個系統或環境中：我被分派做分內的工作，並獲得應有的報酬。（　　）

9.在我的最優先事項的單子上沒有太多事情。（　　）

10. 我的個人天賦和技能足夠完成首要職責。（　）

11. 我鼓勵團隊中的成員致力於自己的優先事項。（　）

12. 我的團隊很清楚自己的使命，並為此全力以赴。（　）

13. 至少每個季度，我和核心領導層都要開個碰頭會議，確定大家都在致力於自己的優先事項。（　）

14. 我能很輕鬆地對那些次序靠後的要求說「不」。（　）

15. 如果某件事情不再具有效率了，我就把它從日程表中拿掉。（　）

16. 總的說來，我是一個紀律嚴明的人。（　）

17. 我願意根據那些最優先事項調整自己的日程表。（　）

18. 不管問到誰，他總是會告訴我，我正在致力於那些最優先事項以完成團隊的任務。（　）

19. 我把 80% 的時間用於最重要的 20% 的事項。（　）

20. 我有一個富於成效的日常系統，能幫助我專注於那些優先事項。（　）

總分：（　）

50～60 分：這是你的強項。你作為領導者，要繼續成長，但是也應花點時間幫助別人在這方面發展。

40～49 分：這些不會妨礙你當一個領導者，但是也不會幫助你。你要加強你的領導能力，應在這方面多下功夫。

20～29 分：這是你領導能力的弱項。除非在這方面長足進步，否則你的領導效率將會受到很大負面影響。

討論：

回答下列問題，和小組成員以及組長一起討論：

1. 什麼事情給你帶來的利潤最豐厚？為什麼？

_____

_____

2. 什麼事情給你帶來的回報最可觀？為什麼？

_____

_____

3. 你是否贊同「帕雷托原理」：如果你把自己的精力集中於團隊中最重要的那 20% 的事情上，就會獲得 80% 的回報。請做出解釋。

_____

_____

4. 你的組織是怎樣分配職權的？

_____

_____

5. 目前，你是怎樣安排手頭工作任務的優先次序的？

_____

_____

6. 為了確保把最主要的精力用在最重要的那 20%的優先事項上，你是怎樣進行調整的？

_____

_____

　　如果日程表上只有不多的幾樁事情，調整起來就會比較容易。但是，對那些領導者，尤其是新上任的領導者來說，日程安排很少那麼空閒。如果想回顧一下上一年的事件和項目，你可以察看當年的日程表。如果你沒有保留一份詳細的日程記錄，那就試著列出一年中走過的行程，做過的項目以及日常工作任務。請根據這些記錄回答下列問題：

　　1. 那些事情是需要我做的？

_____

_____

　　2. 那些事情帶來的回報最豐厚？

_____

_____

　　3. 那些事情產生的利潤最可觀？

_____

_____

4. 那些任務不能帶來高回報，可以叫別人去做？

_____

_____

5. 那些任務不能帶來高回報，可以完全取消？

_____

_____

6. 我應該如何定義那 20%的首要優先事項？

_____

_____

7. 我應該如何把時間、精力和資源用於那些首要優先事項？

_____

_____

8. 我致力於那些首要優先事項是希望得到什麼回報？

_____

_____

9. 我應該請誰幫助我始終致力於那些首要優先事項？我們應該隔多久共同探討一次這些事項？

_____

_____

臺灣的核心競爭力，就在這裏！

圖書出版目錄

　　下列圖書是由憲業企管顧問（集團）公司所出版，以專業立場，為台灣企業界提供最專業的各種經營管理類圖書。

1. 傳播書香社會，凡向本出版社購買（或郵局劃撥購買），一律 9 折優惠。
   服務電話(02)27622241　(03)9310960　傳真(02)27620377
2. 請將書款用 ATM 自動扣款轉帳到我公司下列的銀行帳戶。
   銀行名稱：合作金庫銀行　帳號：5034-717-347447
   公司名稱：憲業企管顧問有限公司
3. 郵局劃撥號碼：18410591　郵局劃撥戶名：憲業企管顧問公司
4. 圖書出版資料隨時更新，請見網站　www.bookstore99.com

┈┈┈┈┈ 經營顧問叢書 ┈┈┈┈┈

13	營業管理高手（上）	一套	52	堅持一定成功	360 元
14	營業管理高手（下）	500 元	56	對準目標	360 元
16	中國企業大勝敗	360 元	58	大客戶行銷戰略	360 元
18	聯想電腦風雲錄	360 元	60	寶潔品牌操作手冊	360 元
19	中國企業大競爭	360 元	72	傳銷致富	360 元
21	搶灘中國	360 元	73	領導人才培訓遊戲	360 元
25	王永慶的經營管理	360 元	76	如何打造企業贏利模式	360 元
26	松下幸之助經營技巧	360 元	77	財務查帳技巧	360 元
32	企業併購技巧	360 元	78	財務經理手冊	360 元
33	新産品上市行銷案例	360 元	79	財務診斷技巧	360 元
46	營業部門管理手冊	360 元	80	內部控制實務	360 元
47	營業部門推銷技巧	390 元	81	行銷管理制度化	360 元

82	財務管理制度化	360元	149	展覽會行銷技巧	360元
83	人事管理制度化	360元	150	企業流程管理技巧	360元
84	總務管理制度化	360元	152	向西點軍校學管理	360元
85	生產管理制度化	360元	154	領導你的成功團隊	360元
86	企劃管理制度化	360元	155	頂尖傳銷術	360元
91	汽車販賣技巧大公開	360元	156	傳銷話術的奧妙	360元
97	企業收款管理	360元	160	各部門編制預算工作	360元
100	幹部決定執行力	360元	163	只為成功找方法，不為失敗找藉口	360元
106	提升領導力培訓遊戲	360元	167	網路商店管理手冊	360元
112	員工招聘技巧	360元	168	生氣不如爭氣	360元
113	員工績效考核技巧	360元	170	模仿就能成功	350元
114	職位分析與工作設計	360元	171	行銷部流程規範化管理	360元
116	新產品開發與銷售	400元	172	生產部流程規範化管理	360元
122	熱愛工作	360元	174	行政部流程規範化管理	360元
124	客戶無法拒絕的成交技巧	360元	176	每天進步一點點	350元
125	部門經營計劃工作	360元	180	業務員疑難雜症與對策	360元
129	邁克爾·波特的戰略智慧	360元	181	速度是贏利關鍵	360元
130	如何制定企業經營戰略	360元	183	如何識別人才	360元
132	有效解決問題的溝通技巧	360元	184	找方法解決問題	360元
135	成敗關鍵的談判技巧	360元	185	不景氣時期，如何降低成本	360元
137	生產部門、行銷部門績效考核手冊	360元	186	營業管理疑難雜症與對策	360元
138	管理部門績效考核手冊	360元	187	廠商掌握零售賣場的竅門	360元
139	行銷機能診斷	360元	188	推銷之神傳世技巧	360元
140	企業如何節流	360元	189	企業經營案例解析	360元
141	責任	360元	191	豐田汽車管理模式	360元
142	企業接棒人	360元	192	企業執行力（技巧篇）	360元
144	企業的外包操作管理	360元	193	領導魅力	360元
146	主管階層績效考核手冊	360元	198	銷售說服技巧	360元
147	六步打造績效考核體系	360元	199	促銷工具疑難雜症與對策	360元
148	六步打造培訓體系	360元	200	如何推動目標管理（第三版）	390元

201	網路行銷技巧	360 元	240	有趣的生活經濟學	360 元
202	企業併購案例精華	360 元	241	業務員經營轄區市場（增訂二版）	360 元
204	客戶服務部工作流程	360 元	242	搜索引擎行銷	360 元
206	如何鞏固客戶（增訂二版）	360 元	243	如何推動利潤中心制度（增訂二版）	360 元
208	經濟大崩潰	360 元	244	經營智慧	360 元
209	鋪貨管理技巧	360 元	245	企業危機應對實戰技巧	360 元
210	商業計劃書撰寫實務	360 元	246	行銷總監工作指引	360 元
212	客戶抱怨處理手冊（增訂二版）	360 元	247	行銷總監實戰案例	360 元
214	售後服務處理手冊（增訂三版）	360 元	248	企業戰略執行手冊	360 元
215	行銷計劃書的撰寫與執行	360 元	249	大客戶搖錢樹	360 元
216	內部控制實務與案例	360 元	250	企業經營計劃〈增訂二版〉	360 元
217	透視財務分析內幕	360 元	251	績效考核手冊	360 元
219	總經理如何管理公司	360 元	252	營業管理實務（增訂二版）	360 元
222	確保新產品銷售成功	360 元	253	銷售部門績效考核量化指標	360 元
223	品牌成功關鍵步驟	360 元	254	員工招聘操作手冊	360 元
224	客戶服務部門績效量化指標	360 元	255	總務部門重點工作（增訂二版）	360 元
226	商業網站成功密碼	360 元	256	有效溝通技巧	360 元
228	經營分析	360 元	257	會議手冊	360 元
229	產品經理手冊	360 元	258	如何處理員工離職問題	360 元
230	診斷改善你的企業	360 元	259	提高工作效率	360 元
231	經銷商管理手冊（增訂三版）	360 元	261	員工招聘性向測試方法	360 元
232	電子郵件成功技巧	360 元	262	解決問題	360 元
233	喬‧吉拉德銷售成功術	360 元	263	微利時代制勝法寶	360 元
234	銷售通路管理實務〈增訂二版〉	360 元	264	如何拿到 VC（風險投資）的錢	360 元
235	求職面試一定成功	360 元	265	如何撰寫職位說明書	360 元
236	客戶管理操作實務〈增訂二版〉	360 元	267	促銷管理實務〈增訂五版〉	360 元
237	總經理如何領導成功團隊	360 元	268	顧客情報管理技巧	360 元
238	總經理如何熟悉財務控制	360 元			
239	總經理如何靈活調動資金	360 元			

269	如何改善企業組織績效〈增訂二版〉	360 元
270	低調才是大智慧	360 元
272	主管必備的授權技巧	360 元
274	人力資源部流程規範化管理（增訂三版）	360 元
275	主管如何激勵部屬	360 元
276	輕鬆擁有幽默口才	360 元
277	各部門年度計劃工作（增訂二版）	360 元
278	面試主考官工作實務	360 元
279	總經理重點工作（增訂二版）	360 元
282	如何提高市場佔有率（增訂二版）	360 元
283	財務部流程規範化管理（增訂二版）	360 元
284	時間管理手冊	360 元
285	人事經理操作手冊（增訂二版）	360 元
286	贏得競爭優勢的模仿戰略	360 元
287	電話推銷培訓教材（增訂三版）	360 元
288	贏在細節管理（增訂二版）	360 元
289	企業識別系統 CIS（增訂二版）	360 元
290	部門主管手冊（增訂五版）	360 元

《商店叢書》

4	餐飲業操作手冊	390 元
5	店員販賣技巧	360 元
10	賣場管理	360 元
12	餐飲業標準化手冊	360 元
13	服飾店經營技巧	360 元
18	店員推銷技巧	360 元
19	小本開店術	360 元
20	365 天賣場節慶促銷	360 元
29	店員工作規範	360 元
30	特許連鎖業經營技巧	360 元
32	連鎖店操作手冊（增訂三版）	360 元
33	開店創業手冊〈增訂二版〉	360 元
34	如何開創連鎖體系〈增訂二版〉	360 元
35	商店標準操作流程	360 元
36	商店導購口才專業培訓	360 元
37	速食店操作手冊〈增訂二版〉	360 元
38	網路商店創業手冊〈增訂二版〉	360 元
39	店長操作手冊（增訂四版）	360 元
40	商店診斷實務	360 元
41	店鋪商品管理手冊	360 元
42	店員操作手冊（增訂三版）	360 元
43	如何撰寫連鎖業營運手冊〈增訂二版〉	360 元
44	店長如何提升業績〈增訂二版〉	360 元
45	向肯德基學習連鎖經營〈增訂二版〉	360 元
46	連鎖店督導師手冊	360 元
47	賣場如何經營會員制俱樂部	360 元
48	賣場銷量神奇交叉分析	360 元

《工廠叢書》

5	品質管理標準流程	380 元
9	ISO 9000 管理實戰案例	380 元
10	生產管理制度化	360 元
11	ISO 認證必備手冊	380 元
12	生產設備管理	380 元
13	品管員操作手冊	380 元
15	工廠設備維護手冊	380 元
16	品管圈活動指南	380 元
17	品管圈推動實務	380 元
20	如何推動提案制度	380 元
24	六西格瑪管理手冊	380 元
30	生產績效診斷與評估	380 元
32	如何藉助 IE 提升業績	380 元
35	目視管理案例大全	380 元
38	目視管理操作技巧(增訂二版)	380 元
40	商品管理流程控制(增訂二版)	380 元
42	物料管理控制實務	380 元
46	降低生產成本	380 元
47	物流配送績效管理	380 元
49	6S 管理必備手冊	380 元
50	品管部經理操作規範	380 元
51	透視流程改善技巧	380 元
55	企業標準化的創建與推動	380 元
56	精細化生產管理	380 元
57	品質管制手法〈增訂二版〉	380 元
58	如何改善生產績效〈增訂二版〉	380 元
60	工廠管理標準作業流程	380 元
62	採購管理工作細則	380 元
63	生產主管操作手冊(增訂四版)	380 元
64	生產現場管理實戰案例〈增訂二版〉	380 元
65	如何推動 5S 管理（增訂四版）	380 元
67	生產訂單管理步驟〈增訂二版〉	380 元
68	打造一流的生產作業廠區	380 元
70	如何控制不良品〈增訂二版〉	380 元
71	全面消除生產浪費	380 元
72	現場工程改善應用手冊	380 元
73	部門績效考核的量化管理（增訂四版）	380 元
74	採購管理實務〈增訂四版〉	380 元
75	生產計劃的規劃與執行	380 元
76	如何管理倉庫（增訂六版）	380 元
77	確保新產品開發成功（增訂四版）	380 元

《醫學保健叢書》

1	9 週加強免疫能力	320 元
3	如何克服失眠	320 元
4	美麗肌膚有妙方	320 元
5	減肥瘦身一定成功	360 元
6	輕鬆懷孕手冊	360 元
7	育兒保健手冊	360 元
8	輕鬆坐月子	360 元
11	排毒養生方法	360 元
12	淨化血液 強化血管	360 元
13	排除體內毒素	360 元
14	排除便秘困擾	360 元

15	維生素保健全書	360 元
16	腎臟病患者的治療與保健	360 元
17	肝病患者的治療與保健	360 元
18	糖尿病患者的治療與保健	360 元
19	高血壓患者的治療與保健	360 元
22	給老爸老媽的保健全書	360 元
23	如何降低高血壓	360 元
24	如何治療糖尿病	360 元
25	如何降低膽固醇	360 元
26	人體器官使用說明書	360 元
27	這樣喝水最健康	360 元
28	輕鬆排毒方法	360 元
29	中醫養生手冊	360 元
30	孕婦手冊	360 元
31	育兒手冊	360 元
32	幾千年的中醫養生方法	360 元
34	糖尿病治療全書	360 元
35	活到 120 歲的飲食方法	360 元
36	7 天克服便秘	360 元
37	為長壽做準備	360 元
38	生男生女有技巧〈增訂二版〉	360 元
39	拒絕三高有方法	360 元
40	一定要懷孕	360 元
41	提高免疫力可抵抗癌症	360 元

《培訓叢書》

11	培訓師的現場培訓技巧	360 元
12	培訓師的演講技巧	360 元
14	解決問題能力的培訓技巧	360 元

15	戶外培訓活動實施技巧	360 元
16	提升團隊精神的培訓遊戲	360 元
17	針對部門主管的培訓遊戲	360 元
18	培訓師手冊	360 元
19	企業培訓遊戲大全(增訂二版)	360 元
20	銷售部門培訓遊戲	360 元
21	培訓部門經理操作手冊（增訂三版）	360 元
22	企業培訓活動的破冰遊戲	360 元
23	培訓部門流程規範化管理	360 元
24	領導技巧培訓遊戲	360 元

《傳銷叢書》

4	傳銷致富	360 元
5	傳銷培訓課程	360 元
7	快速建立傳銷團隊	360 元
10	頂尖傳銷術	360 元
11	傳銷話術的奧妙	360 元
12	現在輪到你成功	350 元
13	鑽石傳銷商培訓手冊	350 元
14	傳銷皇帝的激勵技巧	360 元
15	傳銷皇帝的溝通技巧	360 元
17	傳銷領袖	360 元
18	傳銷成功技巧（增訂四版）	360 元
19	傳銷分享會運作範例	360 元

《幼兒培育叢書》

1	如何培育傑出子女	360 元
2	培育財富子女	360 元
3	如何激發孩子的學習潛能	360 元
4	鼓勵孩子	360 元
5	別溺愛孩子	360 元

6	孩子考第一名	360 元
7	父母要如何與孩子溝通	360 元
8	父母要如何培養孩子的好習慣	360 元
9	父母要如何激發孩子學習潛能	360 元
10	如何讓孩子變得堅強自信	360 元

《成功叢書》

1	猶太富翁經商智慧	360 元
2	致富鑽石法則	360 元
3	發現財富密碼	360 元

《企業傳記叢書》

1	零售巨人沃爾瑪	360 元
2	大型企業失敗啟示錄	360 元
3	企業併購始祖洛克菲勒	360 元
4	透視戴爾經營技巧	360 元
5	亞馬遜網路書店傳奇	360 元
6	動物智慧的企業競爭啟示	320 元
7	CEO 拯救企業	360 元
8	世界首富　宜家王國	360 元
9	航空巨人波音傳奇	360 元
10	傳媒併購大亨	360 元

《智慧叢書》

1	禪的智慧	360 元
2	生活禪	360 元
3	易經的智慧	360 元
4	禪的管理大智慧	360 元
5	改變命運的人生智慧	360 元
6	如何吸取中庸智慧	360 元
7	如何吸取老子智慧	360 元
8	如何吸取易經智慧	360 元

9	經濟大崩潰	360 元
10	有趣的生活經濟學	360 元
11	低調才是大智慧	360 元

《DIY 叢書》

1	居家節約竅門 DIY	360 元
2	愛護汽車 DIY	360 元
3	現代居家風水 DIY	360 元
4	居家收納整理 DIY	360 元
5	廚房竅門 DIY	360 元
6	家庭裝修 DIY	360 元
7	省油大作戰	360 元

《財務管理叢書》

1	如何編制部門年度預算	360 元
2	財務查帳技巧	360 元
3	財務經理手冊	360 元
4	財務診斷技巧	360 元
5	內部控制實務	360 元
6	財務管理制度化	360 元
8	財務部流程規範化管理	360 元
9	如何推動利潤中心制度	360 元

為方便讀者選購，本公司將一部分上述圖書又加以專門分類如下：

《企業制度叢書》

1	行銷管理制度化	360 元
2	財務管理制度化	360 元
3	人事管理制度化	360 元
4	總務管理制度化	360 元
5	生產管理制度化	360 元
6	企劃管理制度化	360 元

《主管叢書》

1	部門主管手冊	360 元
2	總經理行動手冊	360 元
4	生產主管操作手冊	380 元
5	店長操作手冊（增訂版）	360 元
6	財務經理手冊	360 元
7	人事經理操作手冊	360 元
8	行銷總監工作指引	360 元
9	行銷總監實戰案例	360 元

《總經理叢書》

1	總經理如何經營公司(增訂二版)	360 元
2	總經理如何管理公司	360 元
3	總經理如何領導成功團隊	360 元
4	總經理如何熟悉財務控制	360 元
5	總經理如何靈活調動資金	360 元

《人事管理叢書》

1	人事管理制度化	360 元
2	人事經理操作手冊	360 元
3	員工招聘技巧	360 元
4	員工績效考核技巧	360 元
5	職位分析與工作設計	360 元
7	總務部門重點工作	360 元
8	如何識別人才	360 元
9	人力資源部流程規範化管理（增訂三版）	360 元
10	員工招聘操作手冊	360 元
11	如何處理員工離職問題	360 元

《理財叢書》

1	巴菲特股票投資忠告	360 元
2	受益一生的投資理財	360 元
3	終身理財計劃	360 元
4	如何投資黃金	360 元
5	巴菲特投資必贏技巧	360 元
6	投資基金賺錢方法	360 元
7	索羅斯的基金投資必贏忠告	360 元
8	巴菲特為何投資比亞迪	360 元

《網路行銷叢書》

1	網路商店創業手冊〈增訂二版〉	360 元
2	網路商店管理手冊	360 元
3	網路行銷技巧	360 元
4	商業網站成功密碼	360 元
5	電子郵件成功技巧	360 元
6	搜索引擎行銷	360 元

《企業計劃叢書》

1	企業經營計劃〈增訂二版〉	360 元
2	各部門年度計劃工作	360 元
3	各部門編制預算工作	360 元
4	經營分析	360 元
5	企業戰略執行手冊	360 元

《經濟叢書》

1	經濟大崩潰	360 元
2	石油戰爭揭秘(即將出版)	

建立企業圖書館

當市場競爭激烈時：

培訓員工，強化員工競爭力 是企業最佳對策

「人才」是企業最大的財富。如何提升人才，是企業永續經營、戰勝對手的核心競爭力。積極培訓公司內部員工，是經濟不景氣時期的最佳戰略，而最快速的具體作法，就是「建立企業內部圖書館，鼓勵員工多閱讀、多進修專業書籍」

建議您：請一次購足本公司所出版各種經營管理類圖書，作為貴公司內部員工培訓圖書。使用率高的（例如「贏在細節管理」），準備 3 本；使用率低的（例如「工廠設備維護手冊」），只買 1 本。

培訓叢書㉔　　　　　　售價：360 元

領導技巧培訓遊戲

西元二〇一二年九月　　　　　　　初版一刷

編輯指導：黃憲仁

編著：洪清旺　張曉明

策劃：麥可國際出版有限公司（新加坡）

編輯：蕭玲

校對：劉飛娟

發行所：憲業企管顧問有限公司

電話：(02) 2762-2241　　(03) 9310960　　0930872873

臺北聯絡處：臺北郵政信箱第 36 之 1100 號

銀行 ATM 轉帳：合作金庫銀行　　帳號：5034-717-347447

郵政劃撥：18410591　　憲業企管顧問有限公司

江祖平律師顧問：紙品書、數位書著作權與版權均歸本公司所有

登記證：行政業新聞局版台業字第 6380 號

本公司徵求海外版權出版代理商 （0930872873）

本圖書是由憲業企管顧問（集團）公司所出版，以專業立場，為企業界提供最專業的各種經營管理類圖書。

圖書編號 ISBN：978-986-6084-55-3